# 圆极化电场虚拟电极效应消除心律失常的基础研究

冯霞 著



中国石化出版社

## 内 容 提 要

本书主要讨论了圆极化电场虚拟电极效应消除心律失常(螺旋波及螺旋波湍流态)的相关内容。主要内容包括：介绍了螺旋波斑图、心律失常及控制方法，以及心脏的动力学模型；讨论了圆极化电场去除心脏组织中的钉扎螺旋波、螺旋波湍流态以及钉扎回卷波；还讨论了不规则缺陷与两个缺陷下的圆极化电场虚拟电极效应，以及基于 Barkley 模型的虚拟电极效应。

本书可作为从事统计物理学与复杂系统中斑图动力学和心脏病学等领域科研人员的参考书。

**图书在版编目(CIP)数据**

圆极化电场虚拟电极效应消除心律失常的基础研究 / 冯霞著 . —北京：中国石化出版社，2022. 6
ISBN 978-7-5114-6694-5

Ⅰ. ①圆… Ⅱ. ①冯… Ⅲ. ①心律失常-研究
Ⅳ. ①R541. 7

中国版本图书馆 CIP 数据核字（2022）第 092141 号



**中国石化出版社出版发行**

地址:北京市东城区安定门外大街 58 号
邮编:100011　电话:(010)57512500
发行部电话:(010)57512575
http://www. sinopec-press. com
E-mail:press@ sinopec. com
北京科信印刷有限公司印刷
全国各地新华书店经销

*

710×1000 毫米 16 开本 10 印张 172 千字
2022 年 6 月第 1 版　2022 年 6 月第 1 次印刷
定价:85. 00 元

# 序

非线性科学是一门研究非线性现象共性的基础学科，它被誉为20世纪继量子力学和相对论之后的第三次科学革命。目前，非线性科学的前沿领域大致包含孤立波、混沌、分形及斑图动力学四个方面。其中，斑图动力学是一个较新的分支[1]，近年来也得到了很大的发展，它主要是为了探索诸系统共同存在的、具有普遍指导意义的斑图形成基本规律。斑图动力学的研究内容普遍存在于物理、化学、数学、生物学、生态学等各个方面。斑图动力学的核心是非线性动力学理论，而在非线性科学领域里反应扩散系统中的非线性波动力学一直是非线性交叉学科斑图动力学的一个重要课题[2]。从数学角度来看，在反应扩散系统中，稳定均匀态会在某些条件下失稳，并自发产生空间定态图纹。

对于斑图动力学的系统研究应该始于1952年图灵(Alan Turing)对反应扩散系统的研究。他从数学角度表明，在反应扩散系统中，稳定均匀态会在某些条件下失稳，并自发产生空间定态图纹。他还试图说明某些生物的体表所显示的特征图纹是怎么样产生的，但是因为当时在生物实验中没有找到图灵斑图的直接证据，所以研究没有得到足够重视。1962年扎布亭斯基在著名的别洛乌索夫-扎布亭斯基(Belousov-Zhabotinsky，简称BZ)[3,4]实验中发现了螺旋波斑图的存在之后，科研工作者对于这样的动态斑图时空动力学展开了一系列的研究。螺旋波动力学的研究也成为了非线性科学家最为关注的课题之一[5,6]。螺旋波也被发现广泛存在于诸如化学反应[7-9]，黏性霉菌系统中自组织过程[10-12]，一氧化碳 CO 在铂金表面 Pt(110)的吸附氧化反应[13]以及心脏组织[14,15]等等，成为了非线性波的一个研究热点。反应扩散系统是螺旋波得以产生的最简单系统之一，反应扩散系统遍及许多学科。一个反应扩散系统可以用偏微分方程描述，而反应扩散方程可以说是描写自然界物质运动的基本方程之一。另外，反应扩散系统也分为好多类，主要有可激发介质系统、振荡介质系统和双稳介质系统。我们对于螺旋波的研究一般都是在可激发介质系统中进行。现今对螺旋波的研究主要有三种方法：第一种是实验研究，如 BZ 反应和 CO 在 Pt(110)表面的吸附氧化反应，其中 BZ 反应是最早发现螺旋波现象的化学反应系统。第二种是理论分析，就是找出描述螺旋波运动方程，运用分叉理论或是其他一些数学方法，对螺旋波进行定量分析。第三种就是数值模拟，它与数学、计算机有着密切的联系，也是研究过程中常用的方法。在研究过程中，人们也针对具体的系统提出了许多具体的模型来研究螺旋波的动力学规律。大量的实验与理论研究了可激发系统中螺旋波的动力学理论[16-24]以及在外电场作用下的动力学理论[25-34]。

近年来的生理学的实验研究表明，心脏病人中存在的心律失常(Arrhythmias)包括心动过速(Tachycardia)及心颤(Ventricular Fibrillation)与螺旋波的自组织及螺旋波湍流态有着密切的关系[35-43]。为了更好地揭示及控制心脏组织中形成的螺旋波及螺旋波湍流态，物理学家用反应扩散系统模拟心脏中心电信号的动力学行为，从而较方便的得到螺旋波及湍流波运动的普遍规律，进而可以探索有效控制它们的新方法。人们在研究的过程中，往往最注重研究成果的实际运用，因而螺旋波及螺旋波湍流态在心脏病防治与治疗方面的应用成了非线性科学家非常关注的研究项目。20 世纪 90 年代初科学家发现人的正常心脏组织中只有一个信号源(窦房结)，不断向周围发射波(行波或靶波)，而如果由于心脏病人的心脏组织上某一块心肌损伤出现缺陷点，则有可能迫使靶波断裂而形成螺旋波中心，当螺旋波失稳后，便产生了心颤，如不及时抢救，病人将会在几分钟内死亡。在美国，由于心脏骤停突然死亡的人数每年约为30万余人[44]。

2014年底，医学世界顶级期刊《柳叶刀》发布了《全球疾病负担报告2013》，该研究评估了1990年~2013年间188个国家的死亡情况，在中国，最致命的三种疾病是脑卒中、冠心病以及交通事故。而排列前二的两项都属于心血管疾病。脑卒中，也就是中风，造成中风的最主要危险因子是高血压及心房颤动。而心房颤动是最常见的持续性心律失常。美国医学会期刊(JAMA)最新研究指出，罹患心房颤动，心肌梗塞发生率将倍增，中风机率也是一般人的5倍。另外冠心病，它的发作也常伴有心律失常。因此，治疗心律失常即消除心脏组织中的螺旋波及螺旋波湍流态一直是科研工作者关注的重点。

目前，临床医学上治疗心动过速及心颤的方法主要采用电击除颤，电击除颤是用较强的脉冲电流通过心脏来消除心律失常，使之恢复窦性节律的方法。也就是说，它是通过大电击的方式来重置整个的心脏电活动。但是高电压作用于人体进行除颤的同时，它也会给人体本身带来负重，不仅给患者带来疼痛与创伤，也可能使心肌受到损伤[45]。因此，科研工作者一直在理论上做着各种尝试工作，其中一种方法就是采用局部的快速起搏，但是由于所需的起搏频率比较狭窄，在实际的心脏实验中，将受到很多的限制，值得进一步探讨，因而探索发现更加合理有效的方式是非常有意义的。

近年来的研究中，远场激发(虚拟电极效应)除颤的方法引起了科研工作者的关注，这种方法在实验与理论上都得到了较好的结果。该方法也被叫做Wave Emission from Heterogeneities (简称WEH)，其主要是将一组低电压的外电场脉冲作用到心脏组织中，促使心脏组织中的缺陷如血管、缺血区域或小规模的中断区域等周边膜电势重新分布，产生去极化与超极化现象，此时缺陷犹如虚拟电极，如果电场足够大，缺陷周边就会激发产生波。由于心脏组织中大量缺陷的存在，使得整个心脏组织被激发，同样达到了重置电信号的作用。

在以往研究中，外电场通常都是选用直流电产生的匀强电场。而本书基于圆极化电场的特性，致力于研究圆极化电场的虚拟电极效应。为了发展应用圆极化电场作用下的远场激发，希望能够应用其成功地去除心脏组织中的螺旋波及螺旋波湍流态，对圆极化电场的作用机制进行更加深入的研究，使研究的对象也更加贴合真实的心脏组织。

# 前　言

心脏系统中一旦存在螺旋波或螺旋波湍流态，就有可能造成心律失常如心动过速或心颤等疾病。临床医学上，一般采用大电击的方式治疗心律失常，这种方法对患者施加一个高电压的大电击，从而重置心脏组织中的所有电活动，使心脏最终恢复到正常的心脏搏动。但是对于这样一种大电击的方式，由于高电压的强烈作用，容易对人体造成其他的伤害，也会给患者带来疼痛。目前还有一种有效地控制心律失常的方法就是体内人工起搏器的安装。这种方法主要是在人体植入一种电子治疗仪器，通过脉冲发生器发出有规律的电脉冲，来调节心脏起搏的快慢。但是该仪器目前较多适用于缓慢心律失常。为此，新的治疗心律失常的方式被不断提出，其中近年来一种叫远场激发治疗心律失常的方式受到了极大的关注。这种方法主要是将一组低电压的匀强电场脉冲作用到心脏组织中。由于电场作用，它会使心脏中的电导率非均匀区域或者异构介质(缺陷)产生去极化和超极化效应，并且使得介质受到脉冲作用不断地被激发，最终整个区域都为激发状态，从而达到了重置心脏组织中的所有电活动的效果。但是该方法去除钉扎螺旋波的效率较低，适用范围也受到了限制，并且在螺旋波湍流态的作用下，一旦心脏组织中某区域的缺陷过少，就会使得很难激发整个介质来达到重置效果。

本书基于远场激发机制，将一个低电压的圆极化电场作用到心脏组织中，该电场也能够促使心脏中的电导率非均匀区域或者异构介质(缺陷)产生去极化和超极化效应。并且圆极化电场的作用能有效地用于去除钉扎螺旋波及螺旋波湍流态。相比匀强电场作用下的远场激发去除钉扎螺旋波，该方法所需的电场强度更小，有着更高的去除钉扎螺旋波的效率，并且其适用性也更广。另外对于其去除螺旋波湍流态，圆极化电场作用下，即使只有单个缺陷，它也能够在湍流波中激发出波，并且形成圆形波列去除周围的湍流波。也就是即使心脏组织中某个区域的缺陷数量有限，也能够通过圆极化电场的作用进行去除螺旋波湍流态。因此，可以说圆极化电场作用下的远场激发方式可以更好地去除螺旋波及螺旋波湍流态，将来可能更有利于用来治疗心律失常。

第1章，简单介绍了斑图动力学的相关知识，重点介绍螺旋波斑图及其远离热力学平衡态的物理、化学、生物系统中自发形成的各种各样的螺旋波斑图。对于以上各种不同系统中发生的现象，都可以用某一类反应扩散方程来描述，本书中介绍了可激发与振荡两种反应扩散系统，并且讲述了螺旋波是如何在可激发系统中形成的。

第2章，介绍了心脏心律失常及其控制方法。通过简单介绍心脏的结构及其正常搏动，引出心律失常的情况，讲述了心律失常的危害。第四节介绍了目前临床上治疗心律失常的方法，并且也对其进行了简单的分析。最后第五小节介绍了一种新的治疗心律失常的方法，虚拟电极效应(远场激发)。

第3章，简单推导心脏动力学的数学建模。由于我们的研究目的是为了医学工作者提供预防和治疗心动过速及心颤等疾病的有效手段，所以我们所做的工作都尽量地接近于真实的心脏系统。基于此，对于心脏动力学的数学建模，我们将从真实的心脏组织细胞的电活动开始进行讨论，推导其电活动的生理模型，进而得到我们数值模拟所需的可行性的动力学模型。之后开始考虑外电场作用下，对心脏细胞所造成的影响，继而全面地学习远场激发机制以及用圆极化电场来实现远场激发的方法。最后对本书中所用到的动力学模型进行简单的介绍。

第4章，主要研究用圆极化电场去除心脏组织中的钉扎螺旋波。绪论中提到正常心脏里只有一个信号发生源，不断向周围发射波(行波或靶波)，而心脏病人的心脏上由于某一块心肌损伤(缺陷)，则容易形成钉扎在缺陷上的螺旋波，从而造成心律失常或心动过速。我们所研究的就是要去除这样的钉扎螺旋波。Pumir 及 Bittihn 等人采用匀强电场脉冲的方法对去除钉扎螺旋波做了一系列的工作。但通过这些工作，我们发现匀强电场脉冲去除钉扎螺旋波仍然存在很多问题，比如所需的电场强度相对比较大，去除钉扎螺旋波的成功率并不是很高，且适用范围也很局限，受到介质激发性的影响大，所以我们考虑采用圆极化电场来进行去除钉扎螺旋波，并且分析其去除钉扎螺旋波的机制，成功率以及适用范围。

第 5 章，主要研究心脏组织中，圆极化电场产生的圆形波，并用其去除心脏组织中的螺旋波湍流态。在心脏中，当螺旋波失稳后，就会形成螺旋波湍流态，也就是心颤，如不及时抢救，病人将会在几分钟之内死亡。因此寻找去除螺旋波湍流态的方法显得刻不容缓。基于近年来的研究，Pumir 等人也从数值上观察到了匀强电场脉冲成功去除螺旋波湍流态的例子，Luther 等人在实验中观察到了匀强电场脉冲去除螺旋波湍流态的现象。但是对于匀强电场脉冲，我们发现只有足够多的缺陷存在的时候，才能成功去除螺旋波湍流态，如果缺陷较少或只有一个的情况下，该区域的螺旋波湍流态就无法被去除。因此我们考虑采用圆极化电场来进行去除螺旋波湍流态，并分析其去除螺旋波湍流态的机制。

第 6 章，主要研究三维可激发系统。基于最近提出的远场激发新机制，系统地研究直流脉冲电场、交流电场以及圆极化电场对三维心脏组织中回卷波去钉扎的作用。一方面，通过大量的数值模拟，发现只有在圆极化电场的作用下，回卷波的去钉扎才可以成功；另一方面，通过研究其背后的机制可以发现：在三维心脏组织的静息态下，三种形式的外加电场都可以在缺陷处诱导出球面波，但只有圆极化电场诱导出的球面波的频率在一定条件下可以大于钉扎回卷波的频率，因此只有圆极化电场能成功将回卷波去钉扎。

第 7 章，研究了边界曲率和方向变化对远场激发或虚拟电极效应的影响。我们发现，与匀强电场下的虚拟电极效应不同，圆极化电场不受边界曲率和方向的影响。此外，圆极化电场需要的电压较低。

第 8 章，基于 Barkley 模型对圆极化电场作用下的虚拟电极效应进行了具体的研究。8.2 主要研究了外加圆极化电场频率与强度对产生激发波的影响；8.3 研究不同强弱的激发性下，圆极化电场去除钉扎螺旋波的情况。

第 9 章，主要在理想化条件下，研究圆极化电场去除含有两个缺陷的心脏组织中的螺旋波湍流态。选取具有代表性的圆形和椭圆缺陷作为研究对象，观察静息态，两个圆形和椭圆缺陷在圆极化电场下，周边的极化现象以及产生激发波的情况。

第 10 章，对本书进行了总结，列出目前所做工作的不足及可发展空间，并且简单讲述了今后可进一步的科研工作。

本书获西安石油大学优秀学术著作出版基金资助出版，获陕西省自然科学基础研究计划项目(2019JQ-810)资助出版，获陕西省自然科学基础研究计划项目(2019JQ-163)资助出版，在此，作者表示衷心的感谢。同时，对参加相关研究的张宏、李炳伟、高翔、潘德贝、温俊青表示诚挚的谢意。

本书存在的谬误与不足，敬请读者指正。

# 目　　录

# 第1章　螺旋波斑图

## 1.1　斑图动力学

斑图(Pattern)指的是在空间或时间上具有某种规律性的非均匀宏观结构。这和我们日常说的“图画”“图像”相比较，有相同之处，也有不同之处。我们举一个例子来说明。一张无穷大的白纸(不考虑边界条件)，构不成斑图(在斑图动力学中，对于类似于无穷大的白纸这一类的情况，我们称之为时空均匀稳定态，这种状态同时满足时间和空间上的平移不变性，也就是说，我们将这张纸沿着时间轴或者空间上的任意一个方向做任意距离的前后平移，最后的结果都是不变的)。如果，我们将这张纸按照一定的规律加上其他的颜色，比如在白纸上按照一定的规则点上红点，那么从空间尺度来看，形成的“图画”不再能够任意的平移，也就是说，空间尺度上的对称性发生了破缺，这就形成了一类斑图。但是，从时间上看，点上红点后，这幅“图画”是不变的，于是我们就称之为定态的空间斑图。这种情况比较容易理解，这种斑图就是符合某种规律的“图画”。另一种情况，如果这张纸的背面有一个平行光源照射在纸上，同时这个光源的光强度在做周期性变化，整张纸就会随着时间变化忽明忽暗。那么时间上平移不变性被破坏掉了，也就是说，时间尺度上的对称性发生了破缺，这也构成了一种斑图。这种情况，如果我们给这个斑图“拍照”，从一张照片上看，是看不出它是否是斑图的，不过如果通过“一段录像”或者“一组照片”来看，就能很明显的看出来。还有更复杂的情况，那就是时间尺度和空间尺度都发生了对称性破缺，形成时空斑图。

在自然界中广泛存在着各式各样的斑图，例如，动物体表花纹、流体中的对流斑图、法拉第系统中的表面波斑图、化学反应系统中的斑图、细菌群体中的竞争与合作增长行为、非线性光学系统中的斑图以及气体放电中的斑图等。从热力学角度观察，自然界的斑图可分为两类：第一类是存在于热力学平衡态条件下的斑图，如无机化学中的晶体结构，有机聚合物中自组织形成的斑图；第二类为离开热力学平衡条件下产生的斑图，如天上的条状云、水面上的波浪、动物的体表花纹(图1.1)。

热力学平衡态下面的斑图，可以通过现有的热力学理论给出比较完善的解释。按照平衡态热力学规律，在给定温度与压强时，系统会自发地向吉布斯自由能(Gibbs free-energy)最小方向(也就是热力学平衡态)移动。一个系统的吉布斯自由能分为两部分：

$$G=H-TS \tag{1.1}$$

这里 $G$、$H$、$S$、$T$ 分别是系统的吉布斯自由能、自由焓、熵函数与系统的温度。当系统的温度下降时，系统中的无序度量——熵对吉布斯自由能的影响逐渐变小，这使得它能够根据能量最小原理形成某些空间有序结构。

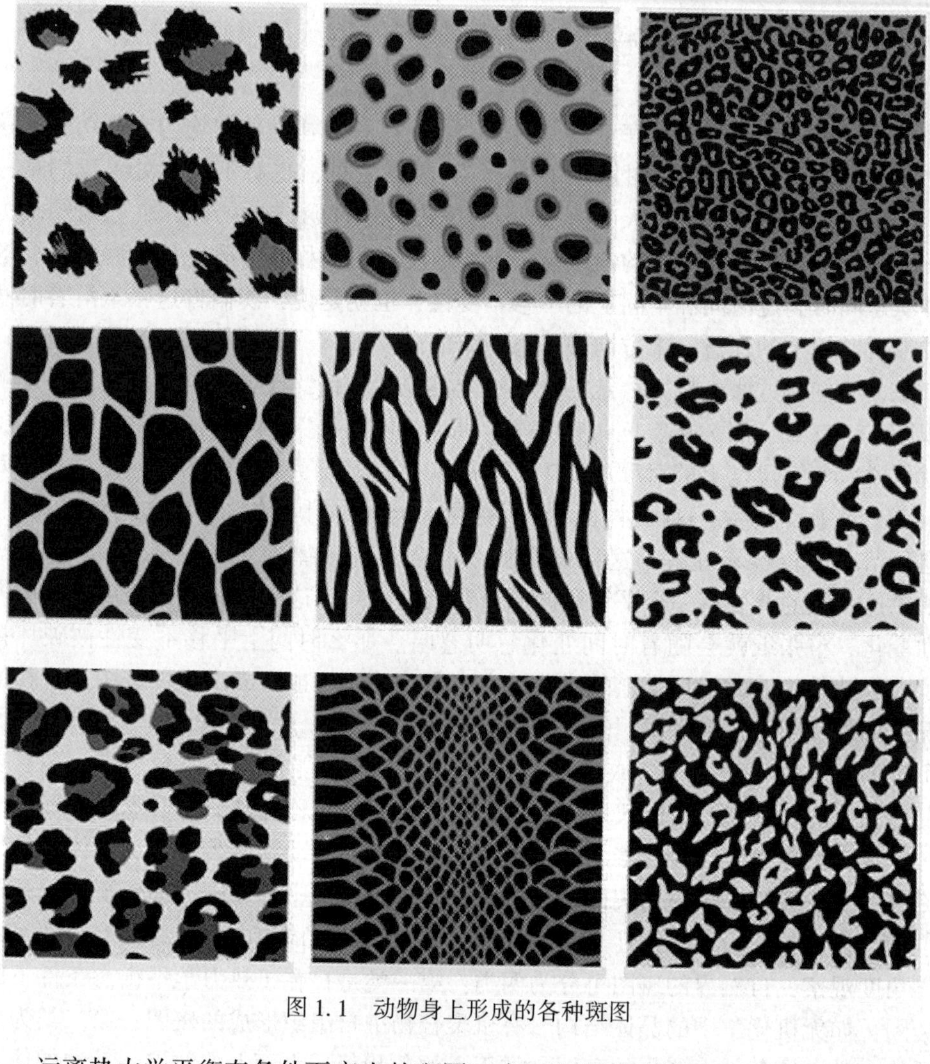

图 1.1　动物身上形成的各种斑图

远离热力学平衡态条件下产生的斑图，由于斑图的形成总是发生在远离热力学平衡态的情况下，以上所述的热力学原理不再适用。人们需要从动力学角度对这类斑图形成的原因、规律、变化规则等等特点进行研究。斑图动力学作为最近发展起来的非线性科学的主要分支之一，就是研究远离热力学平衡态情况下的斑图的一门科学。

## 1.2 螺旋波斑图

在各种非线性系统的斑图花纹形成中，螺旋波动力学的研究一直是最受人关注的课题之一。下面我们就来简单了解一下某些远离热力学平衡态的物理、化学、生物系统中自发形成的各种各样时空有序的斑图。

20 世纪 50 年代初，苏联生物化学家 Belousov 无意中惊奇地发现某些反应物溶液的颜色时而呈淡黄色，时而呈无色如此周期性的变化。但是当时这样的化学振荡现象被认为是违背热力学第二定律的，因此他的重大发现几乎没有受到重视。60 年代初，还是研究生的 Zhabotinsky 和他的研究小组继续从事并改进了 Belousov 实验工作。令人惊奇的是，他们同样在另外一些有机酸的溴酸氧化反应中也观察到了振荡现象。他们还在实验器皿中发现许多同心环波(即靶波)源源不断的从中心冒出来并不断的向外传播，如图 1.2 所示。他们还发现，靶波破碎以后，便会自发的演化成另外有着不同拓扑结构的波——螺旋波[46]，见图 1.3。这个时候，美国的生物化学家 Winfree 通过对上述的配方进一步的修改，同样也发现了螺旋波的形成。此后，这类化学反应以及在该反应中所观察到的靶波和螺旋波斑图被越来越多的西方学者所熟知。虽然，这类化学反应在配方上已经有了很多的改变，不过我们还是把这些能够呈现化学振荡的反应称之为 BZ(Belousov-Zhabotinsky)反应。

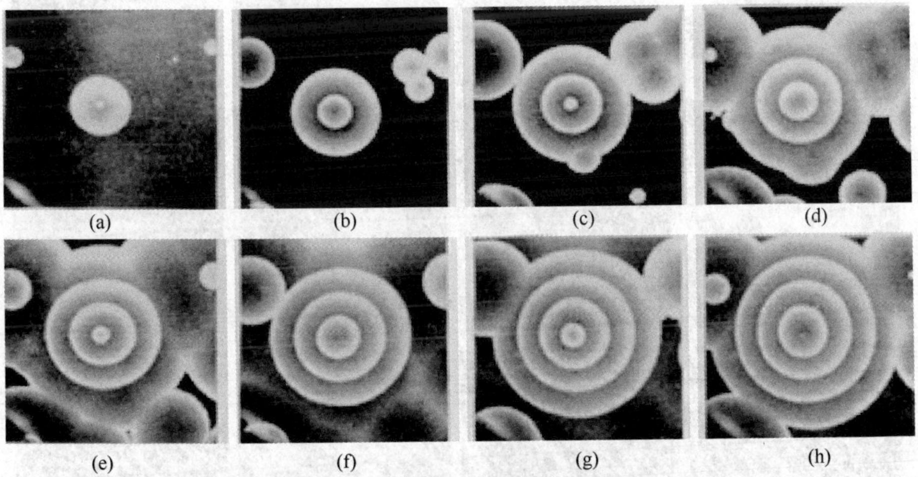


图 1.2　BZ 化学反应中靶波随时间演化的形成过程[3]

2007 年，德国化学家 Gerhard Ertl 因其对固体表面的化学反应的杰出成就而获得诺贝尔化学奖。Pt 表面的 CO 催化氧化反应就是其中一类具有代表性的反应扩散系统。反应系统可以呈现出各种各样的波斑图[47]就展示了这个化学氧化反

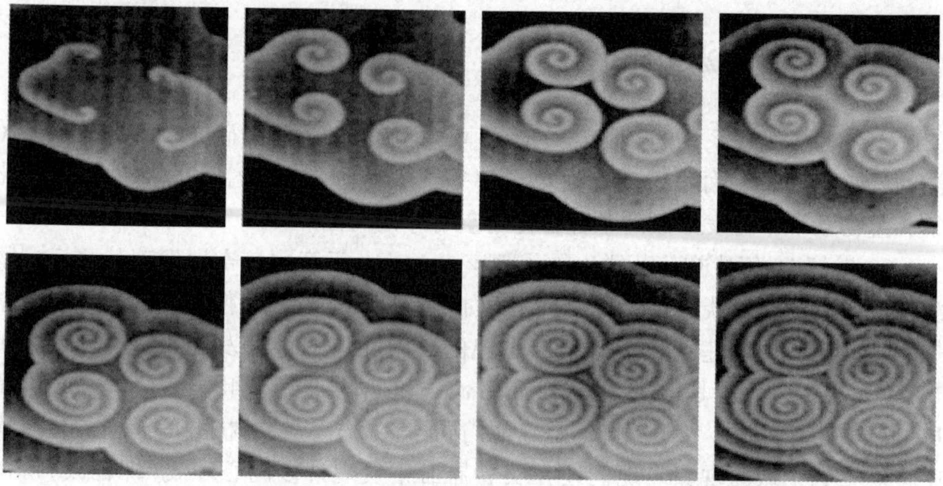
图 1.3 BZ 化学反应中螺旋波随时间演化的形成过程[46]

应中观察到的几种典型的波斑图——螺旋波、靶波和螺旋波湍流，如图 1.4 所示。

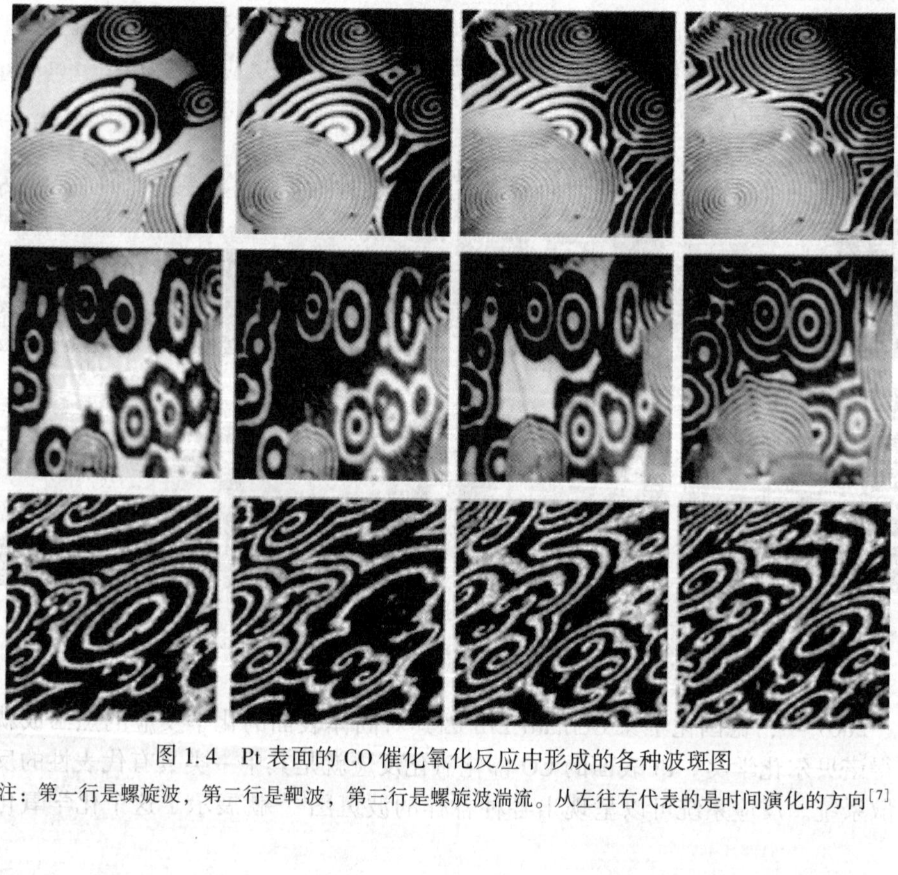
图 1.4 Pt 表面的 CO 催化氧化反应中形成的各种波斑图

注：第一行是螺旋波，第二行是靶波，第三行是螺旋波湍流。从左往右代表的是时间演化的方向[7]

当黏性霉菌系统中的阿米巴变形虫(dictyostelium amoebae)在食物供给不足而濒临死亡的情况下，它们中的每一个虫体就会通过释放一种所谓的 cAMP 化学信子来进行互相通信和交流，从而开始慢慢地聚集。在这样的聚集过程中，它们便会自发地形成各种各样的斑图，如图 1.5 所示，其中较为典型的就是靶波斑图和螺旋波斑图[48,49]。

图 1.5 黏性霉菌系统中的阿米巴变形虫在聚集过程中所形成的典型的靶波斑图和螺旋波斑图[48]

动作电位(action potential)即所谓的心电信号在心肌细胞中的传播也是一种典型的激发波的形式。正常的情况下，心电信号是从窦房结(sinus node)以一定的频率发出，并且在心肌细胞中传播开来，从而引起心房和心室有节律的收缩和舒张[50]。当心肌细胞中出现缺陷或是其他情况的时候，靶波就有可能破碎失稳形成螺旋波，一般来说螺旋波的频率高于起搏所产生的靶波的频率，此时就会产生心动过速(tachycardia)[51,52]。图 1.6 展示的是实验中在犬类心外膜心肌细胞中所观察的旋转的螺旋波。

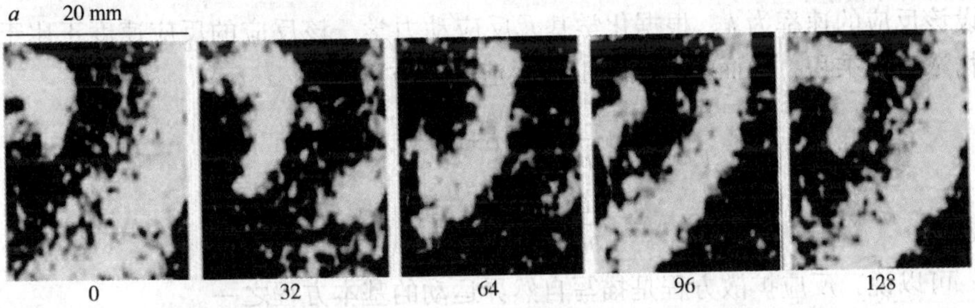


图 1.6 在犬类的心外膜心肌细胞上观察到的螺旋波[50]

## 1.3 反应扩散系统

BZ 反应中的化学振荡是一种自组织行为。一个体系要发生自组织行为是需要满足一定条件的。根据热力学第二定律可知，在一个孤立系统当中，系统总是会从自发的趋向热力学平衡态，一定时间后就会达到均匀态，而 BZ 反应是在远离平衡态条件下的。所以，第一个条件就是系统一定是一个开放的。第二个条件是反应体系中必须有物质能作为“活化子”，参与反应并加快反应速率。同时，还需要有物质作为“禁断子”，参与反应并且起到禁断的效用。第三个条件是这个体系必须存在扩散过程，这个扩散过程要求“活化子”的扩散速度远远小于“禁断子”的扩散速度。这是一种特殊的扩散过程，这个过程与非线性反应结合就产生了图灵斑图。满足上述条件的系统我们可以称之为“反应扩散系统”。这种反应扩散系统是耗散结构，是一个通过消耗反应物化学能来维持空间分布的不均匀的开放系统。

在化学反应、黏性霉菌生物系统和心肌组织中，我们都可以观察到类似的像靶波和螺旋波这样的波斑图。这些表面上看起来相差甚远、互不相关的系统，却展示出了一些类似的性质。在某种程度上，这意味着这些系统之间存在着某种内在的共性。研究表明，从数学角度讲，上面所提到的各种不同的系统(包括许多这里未提及的系统)中发生的现象，都可以用某一类反应扩散方程来描述，反应扩散系统可以用一个数学上的偏微分方程表示：

$$\frac{\partial C}{\partial t}=F(C,\ \mu)+D\ \nabla^2 C \tag{1.2}$$

其中矢量$C=[c_1,\ c_2,\ \cdots,\ c_n]$表示系统的各个变量。对于不同的系统，变量$C$代表的含义是不一样的。例如，对于化学反应系统，它代表各种不同的反应物的浓度；对于心肌细胞而言，它代表的是跨膜电势、离子传导率；$\mu$代表可调节的系统控制参量的总和；$F$代表系统的动力学性质的矢量函数；$D$是含有扩散系数的对角矩阵；$\nabla^2$为拉普拉斯符号。以一个简单的化学基元反应为例，$A+B\rightarrow C$，假设该反应的速率为$k$。根据化学基元反应动力学，该反应的反应速度正比于反应物浓度的乘积，因而该系统相应的反应扩散方程为：

$$\frac{\partial A}{\partial t}=-kAB+D_A\ \nabla^2 A$$

$$\frac{\partial B}{\partial t}=-kAB+D_B\ \nabla^2 B \tag{1.3}$$

可以说，反应扩散方程是描写自然界运动的基本方程之一。

由式(1.2)可知，反应扩散方程中的扩散项为线性项。从数学的线性微分方程理论知道，一个用线性微分方程所描述的无穷大系统，不可能从一个空间均匀态自组织形成一个有序的、非均匀的渐进稳定结构。因此斑图的自组织形成要求方程的反应项$F(C,\ \mu)$中包含非线性的函数。再由于反应系统的动力学行为在热力学平衡态附近总可以近似看成是线性的，反应扩散系统能形成自组织斑图的第一个必要条件就是反应扩散系统必须远离热力学平衡态。另外，可以证明支持斑图自组织的化学动力学系统必须存在一个反馈回路，如自催化或反应自阻滞过程。自催化是指反应物对反应本身有组织作用。自催化或反应自阻滞过程都会使化学反应速度随时间增加。

需要说明的是，这种能够自组织形成斑图的反应扩散系统并不是孤立系统，而是耗散结构。按照热力学定律，孤立系统总是朝着无序的均匀态发展，各种扩散活动都会把不均匀给“抹平”。而反应扩散系统初始条件为均匀态，最终结果却可以是非均匀态，这似乎有悖于热力学定律。实际上，热力学定律针对的是孤立系统，但是这种反应扩散系统却是开放的耗散系统。比如在化学反应实验研究中，实验仪器中需要增加和减少不同的反应组分，使一些反应物浓度维持在某特定值。可以看出，耗散结构是一个通过消耗反应物化学能来维持空间分布的不均匀的开放系统。

一般的双变量反应扩散方程，即式(1.2)中 $C=[u,\ v]$，$F=[f,\ g]$，且对角矩阵 $D$ 有 $D_{11}=D_u$、$D_{22}=D_v$。此时式(1.2)具体形式为

$$\frac{\partial u}{\partial t}=f(u,\ v)+D_u\nabla^2 u$$

$$\frac{\partial v}{\partial t}=g(u,\ v)+D_v\nabla^2 v \tag{1.4}$$

前面说过，对于不同的反应扩散系统，动力学函数 $f(u,\ v)$ 和 $g(u,\ v)$ 一般是不同的，它们共同决定了系统的性质。具体地讲，在由变量 $v$ 和 $u$ 构成的相空间中，两条零斜率线(nullclines) $f(u,\ v)=0$ 和 $g(u,\ v)=0$ 的形状及其二者的相对位置，决定了系统的基本属性。典型的反应扩散系统有，可激发系统和振荡系统。下面的小节里我们将对这两种系统做一个简单的介绍。

### 1.3.1 可激发反应扩散系统

可激发系统是指由许多具有可激发性的元素(elememt)通过某种特定的耦合作用(如扩散耦合、传导耦合)所构成的空间延展体系，而这种可激发性的元素组成的空间结构可称为可激发介质。这里之所以将其称为可激发性的元素，是因为当外界的刺激大于某一个阈值(threshold)时，它会被激发起来，突然给出一个很大的响应；反之，当外界刺激低于该阈值时，它几乎没有什么响应，并且该响应会很快的衰减[53,54]。上面所提到的 BZ 反应、Pt 表面上 CO 的催化氧化反应、心肌细胞系统、黏菌系统都可以表现出可激发的性质，这些都是常见的可激发系统[55]。为了更为清楚的理解可激发性的含义，下面我们将以一个常用的著名的 FitzHugh-Nagumo 模型来理解可激发系统的数学描述。

FitzHugh-Nagumo 方程的原型来自于 Hodgkin 和 Huxley 在 1952 年研究大乌贼神经细胞的可激发性以及动作电位的传播的时候所提出的方程，当初叫 Hodgkin-Huxley 方程。由于最初的 Hodgkin-Huxley 方程比较复杂(其中包括 4 个变量，十多个常数)，这对定性解析的分析造成了一定的困难。后来，FitzHugh 和 Nagumo 在保持原有方程的一些重要信息的前提下简化了 Hodgkin-Huxley 方程，得到了如今我们所提到的 FitzHugh-Nagumo 模型(简称为，FHN 模型)一般具有下面的形式[56,57]

$$\tau_u \frac{\partial u}{\partial t}=f(u,\ v)+D_u \nabla^2 u$$
$$\tau_v \frac{\partial v}{\partial t}=g(u,\ v)+D_v \nabla^2 v \tag{1.5}$$

其中，动力学特征函数分别为 $f(u,\ v)=u-u^3/3-v$ 和 $g(u,\ v)=u-\gamma v+\delta$，这里 $\gamma$ 和 $\delta$ 是系统的控制变量，$\tau_u$ 和 $\tau_v$ 刻画了动力学变量 $u$ 和 $v$ 的时间尺度。

从 $u$-$v$ 相图[图 1.7(a)]，可以看出 $u$ 的零斜率线(nullcline)$f(u,\ v)=0$ 呈现倒"N"或"S"的形状，而 $v$ 的零斜率线 $g(u,\ v)=0$ 是线性的。对于可激发系统而言，$u$ 和 $v$ 的零斜率线会相交于一点，称之为稳定点，并且该点对微扰是渐近稳定的。上述方程要呈现可激发性的另外一个重要条件是，动力学变量 $u$ 和 $v$ 在时间尺度上要有很大的区别，即要求 $\tau_u \ll \tau_v$。换句话说，相对于变量 $v$ 随时间的变化速率而言，$u$ 是个快变量。当系统所受到的刺激强度很小不超过临界值的时候，该刺激很快的回到稳定点，如图 1.7(a)所示，当微扰只到 $A$ 点的时候，$u$ 和 $v$ 的数值很快就沿着虚线回到 $S$ 点；当系统所受到的刺激强度越过某阈值时，如图 1.7(a)所示，扰动到了 $B$ 点，由于 $\tau_u \ll \tau_v$，该刺激很快的会激发到 $u$ 零斜率线的右边分支上，然后沿着该支向上运动。当到达 $v$ 的最大值时，同样还是因为 $\tau_u \ll \tau_v$，$u$ 和 $v$ 的轨迹点又会很快的跳到 $u$ 零斜率线的左支，然后慢慢的回到稳定点S，这样就完成了一次激发过程。图 1.7(b)给出了动力学变量 $u$(虚线)和 $v$(实线)在一次激发过程中的随时间变化曲线。

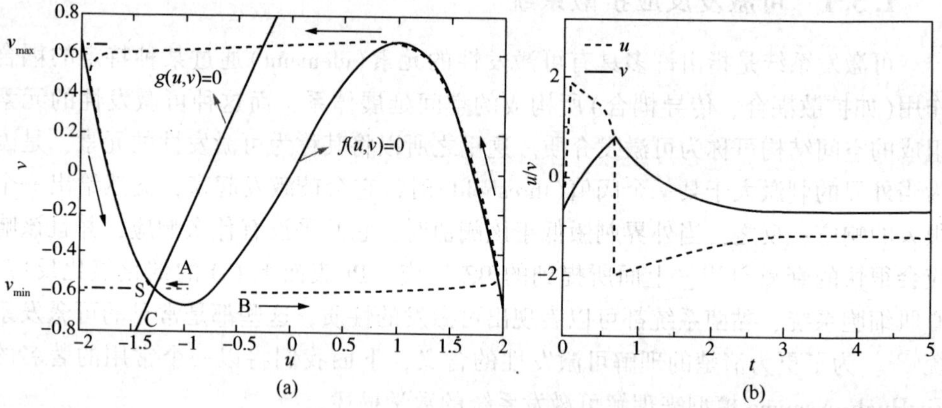


图 1.7　可激发的 FHN 模型

(a) $u$-$v$ 相图。$S$ 点表示 $u$ 和 $v$ 两条零斜率线的交点，$A$ 表示小的扰动，$B$ 表示大的扰动；$C$ 是曲线 $f(u,\ v)=0$ 的极小值点。(b)完成一次激发过程中 $u$ 和 $v$ 随时间变化的曲线

## 1.3.2　振荡反应扩散系统

Belousov 最初用来研究化学振荡的反应系统，以及后来的 BZ 反应和几个改进

过的化学反应都是典型的振荡系统。上面介绍的 FHN 模型在选择合适参数的情况下，也是个振荡的反应扩散模型。所以，下面仍然用这个模型来说明振荡反应扩散系统的一些基本性质。振荡的反应扩散系统和可激发系统有着很大的区别。从 $u$-$v$ 的相空间看[图 1.8(a)]，零斜率线 $f(u, v)=0$ 和 $g(u, v)=0$ 虽然也有一个交点，但不同于可激发系统的是，该交点是不稳定的。若对系统作一个初始的扰动，那么在相空间中，$u$ 和 $v$ 随时间的变化最终便会形成封闭的轨迹，人们形象的称之为极限环，如图 1.8(a)中的椭圆所示。即使撤去外部的扰动以后，系统不会像可激发系统归于静息，而是仍旧会维持这种周期振荡的行为，如图 1.8(b)所示。还有就是，对于振荡系统，系统中动力学变量 $u$ 和 $v$ 时间尺度 $\tau_u$ 和 $\tau_v$，并不一定要像可激发系统满足 $\tau_u=\tau_v$。而是当 $\tau_u$ 和 $\tau_v$ 相差较大时，变量 $u$ 的振荡方式与可激发系统中的驰豫振荡(非简谐的)类似，即图 1.7(b)中的虚线所示；当 $\tau_u$ 和 $\tau_v$ 比较接近时候，特别是在 Hopf 分岔点附近，则变量 $u$ 做的是低幅的简谐振荡，如图 1.8(b)中的实线所示。超临界 Hopf 分岔附近的一个普适性的方程——复 Ginzburg-Landau 方程就是这种情况的一个典型例子[58,59]。激发系统产生的激发波(trigger wave)相比，振荡系统中产生的是相波(phase)。在振荡系统中，同样可以观察到靶波和螺旋波斑图，只不过和之前提到的可激发波(trigger wave)相比，振荡系统中产生的是相波(phase wave)，而且原则上波速可以是从零到无穷大。

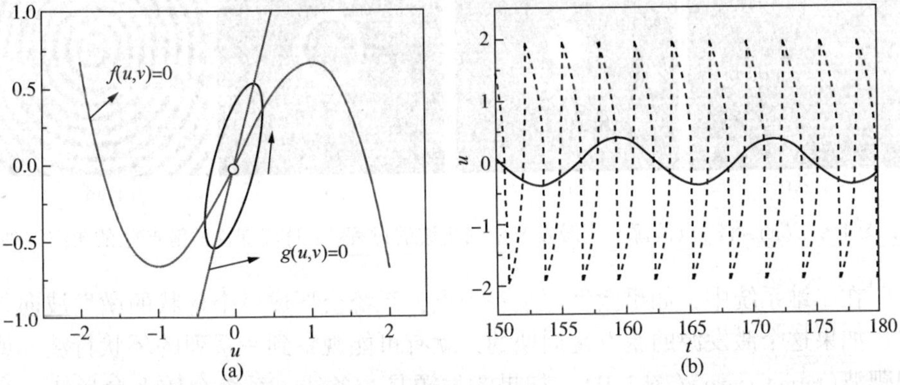


图 1.8　振荡的 FHN 模型

(a)$u$-$v$ 相图。椭圆表示的是系统受到一定微扰下最终形成的封闭的极限环，箭头表示极限环随时间的变化方向。(b)$\tau_u$ 和 $\tau_v$ 关系不同时，动力学变量 $u$ 随时间的变化曲线。实线表示时间标度 $\tau_u$ 和 $\tau_v$ 相差不大时情况，$u$ 做低幅简谐振荡的行为；虚线表示 $\tau_u$ 和 $\tau_v$ 相差较大的情况，$u$ 随时间做高幅度的驰豫振荡

## 1.4　二维螺旋波

一个空间均匀分布的、由可激发单元所组成的反应扩散系统在适当的参数下会出现行波。设想如果在空间上的某一个局限区域内系统被激发到临界值阈值以

上，由于反应物的自催化效应，其本身的浓度在激发区突然增加，从而该区域与和它相邻的区域之间将会产生一个很大的浓度梯度。由于扩散效应(体现在方程中的扩散项)，反应物将会扩散到与原激发区相邻的区域，并将它们也拖至临界值以上，使得它们也被激发，从而形成了一个化学波峰。在波峰的背后，被激发过的区域会逐渐弛豫并恢复到激发前的状态。从宏观上观察，系统表现为一个孤立波始于激发源并向外移动。如果激发源处的激发是周期性的，则系统表现为一连串的行波向外传播。行波的速度由介质的激发性和扩散速度决定。又因为介质的可激发性是由变量的自催化效应引起的，而变量与变量之间的相互作用使得系统恢复到原来静息的状态，人们又将两种不同作用的变量分别称为触发变量(trigger variable)、恢复变量(recovery variable)。不同的可激发系统中的触发变量和恢复变量各不相同，例如前面提到的心肌组织中电信号的传播，触发变量是膜电动势，恢复变量是离子传导率；黏性霉菌自组织形行波的系统中，触发变量是cAMP 化学信子，恢复变量是膜感受器；流行病的传播也可以是行波的形式，这时触发变量是病原，恢复变量是免疫力；螺旋状星系也可以看成是一种行波的自组织现象，在这个过程中触发变量是分子云密度，恢复变量是分子云温度。

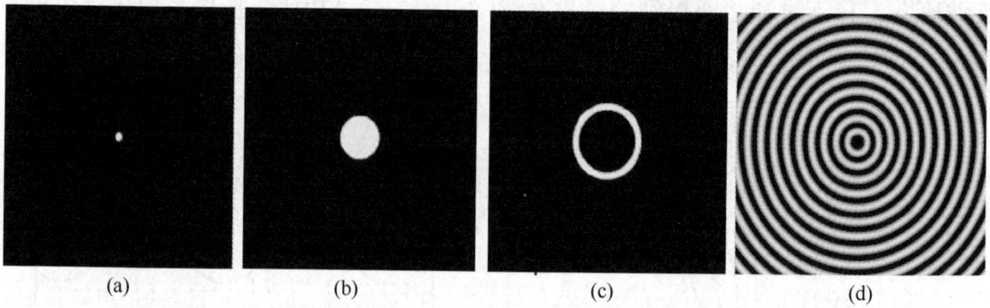


图 1.9　(a)~(c)点波源一次激发产生的靶波的过程；(d)周期性波源产生的靶波波列

在二维系统中，如果激发源是一个点，系统会形成一个环状的激发波向外扩张，如果这个激发源的激发是周期的，就有可能观察到一系列的环状行波，或者叫靶波(target wave)(图 1.9)。如果激发源是一条线，系统介质上会形成一个向前传播的行线状的行波。我们可以在下面这样一个假象实验中来理解螺旋波产生过程：首先激发出一个线状平面波，然后将平面波从中间切断并抹掉其中的一半，也就是说在平面波上造了一个端点。此时，在远离端点的区域，半平面波波峰的邻近点受左右两个方向上扩散而来的触发变量的影响，比较容易受激发，因而波速较快；而在端点区域，由于波峰附近的点只受到来自一个方向上的触发变量的激发，因而波速较慢。因此从整体上看，当半平面波向前移动时，端点处激发波的传播会相对滞后一些。这个滞后使得半平面波在端点附近发生弯曲。再由于这种端点效应总是存在的，随着时间的增长半平面波会逐渐演化为螺旋波。或者说螺旋波，它就是给了一定的初始刺激之后，邻近点的值也被拉到高于阈值，然后就可以被激发，然后激发波就在空间扩散开来，因为远离端点区域，邻近点受两个方向扩散而来的触发变量影响，而端点处有一定的滞后，并指受一个方向影响，所以激发强度弱，波速慢，这种端点效应一直存在，从而就形成了螺旋波（图1.10）。激发性决定了激发波的动力学行为，继而决定了激发波的斑图等一系列外在特征。可激发介质是一种连续的介质，通过相邻元素的耦合作用可以产生行波，同时它也具有扩散作用，把刺激传播出去。

这里有两点需要说明。一是螺旋波与靶波不同，它不需要一个周期性的激发源，因而它是自持续的；此外，螺旋波的组织中心是一个点缺陷，系统所有的动力学行为都受这个点缺陷行为的左右，如何描述这个点缺陷的动力学行为是非线性科学中的一个难题。另外，由于在一个系统中的缺陷容易被制造而难以被消除，因此研究螺旋波动力学规律的一个重要目的，就是要寻找消除螺旋波组织中心（点缺陷）的有效途径，这将对心脏病研究产生重要影响。

图 1.10　螺旋波的形成

## 1.5　三维回卷波

将二维螺旋波拓展到三维空间，便会形成回卷波（scroll wave）[60-63]。对应二维螺旋波的旋转中心，三维回卷波的旋转中心通常称为回卷波奇异线（filament）[64]，其性质可以决定回卷波的动力学行为。形式简单的回卷波可以通过二维螺旋波沿其旋转轴的不断叠加形成，如图1.11中的上半部分所示。该回卷波的几何形状类似于一张纸卷，由Winfree在1973年首次提出。垂直截取奇异线的一个截面，在这个截面中便会出现一个二维的螺旋波。需要指出的是，回卷波奇异线除了可以在空间中移动，它还可以改变自身的形状，它可以是直线、也可以是曲线[65]，或者是首尾相连闭合成一个圆环。环状的奇异线通常又称为卷环奇异线（scroll ring）[66-70]，如图1.11中的下半部分。与二维螺旋波相比，三维空间中的回卷波及其奇异线具有更多的自由度和更丰富的动力学行为。

近年来，关于三维可激发系统中的回卷波及其奇异线的实验、数值和理论研究不断向前发展。例如，利用全局周期力[71,72]（见图 1.12）、局部周期力[73,74]（见图 1.13）、圆极化电场[75]（见图 1.14）等方法来控制回卷波湍流态（Winfree 湍流态）。而对于奇异线为环状的情况（卷环奇异线），由于卷环奇异线具有很好的对称性，近年来也得到了广泛关注。例如，Steinbock 等人在 BZ 化学反应中研究了卷环奇异线的钉扎和去钉扎过程[76,77]。Engel 和 Steinbock 等人揭示了空间禁闭对卷环奇异线的动力学行为的影响[78]。

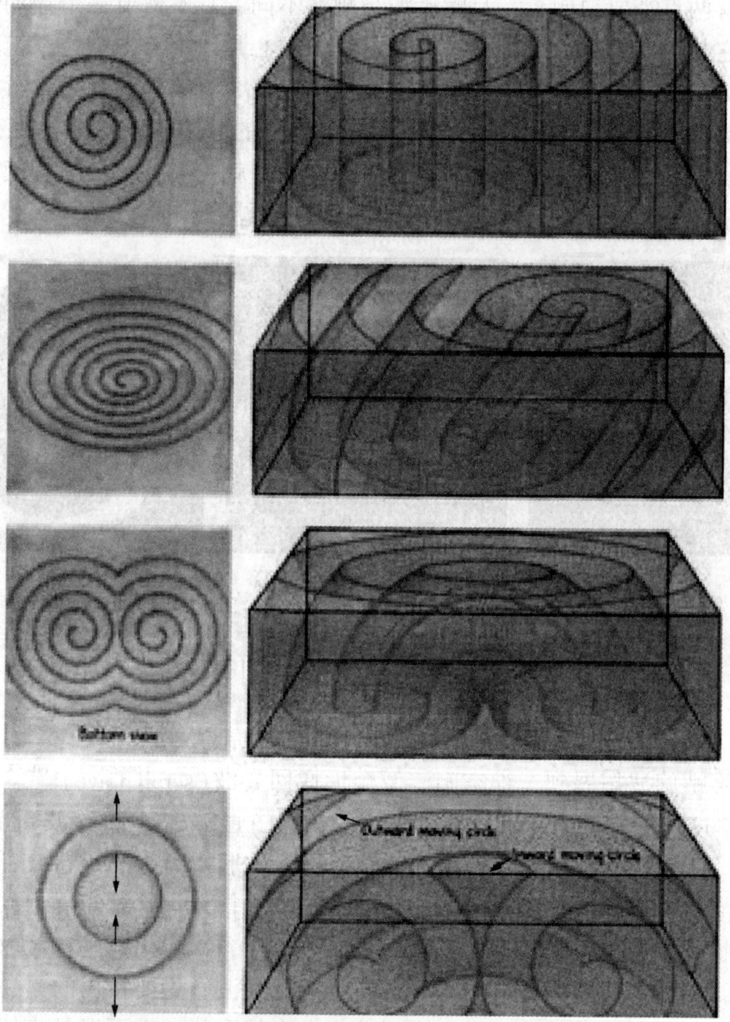


图 1.11　三维回卷波示意图

上半部分：伸直回卷波；下半部分：环状回卷波。由 Winfree 在 1973 年首次提出[60]

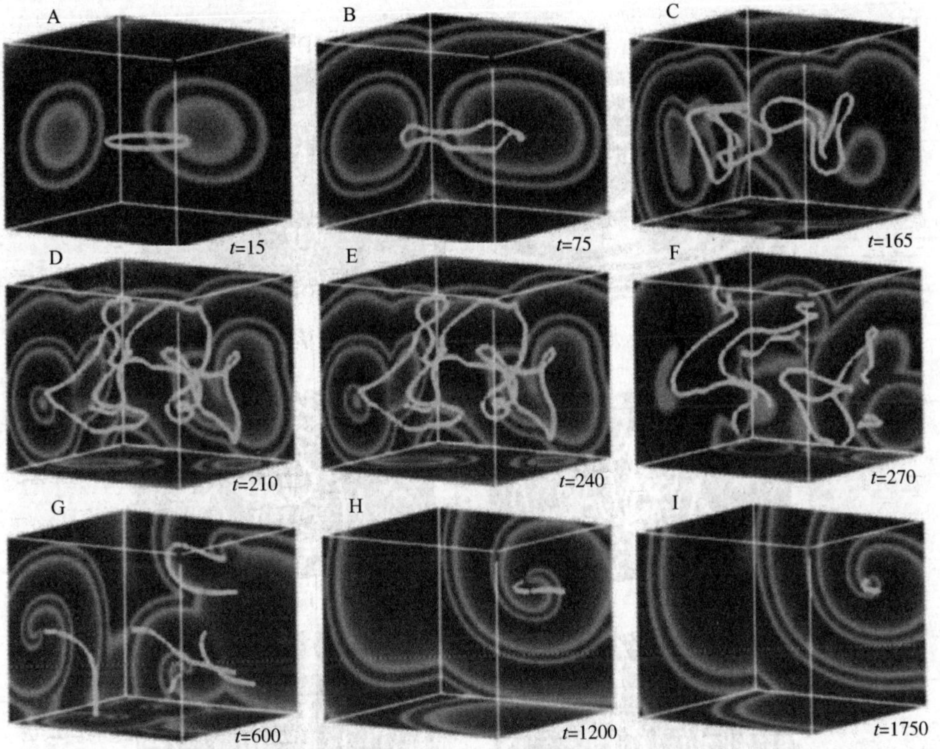


图 1.12　通过全局周期力消除回卷波湍流

(A)~(E)湍流态的产生；$t=240$ 时开始施加全局的周期力[$b(t)=b_0+b_f(\omega_f t)$]。(F)~(I)成功去除回卷波湍流态[71]

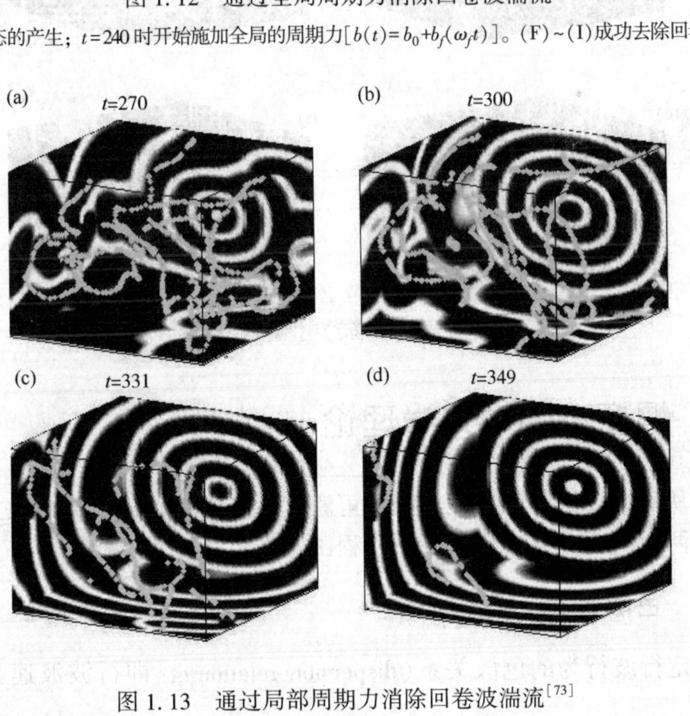


图 1.13　通过局部周期力消除回卷波湍流[73]

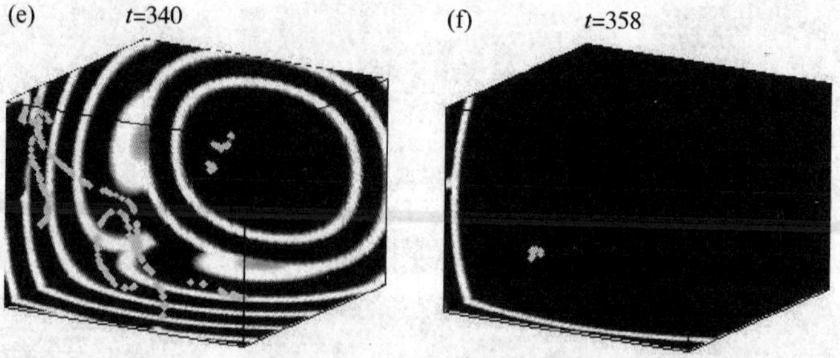


图 1.13　通过局部周期力消除回卷波湍流[73]（续）

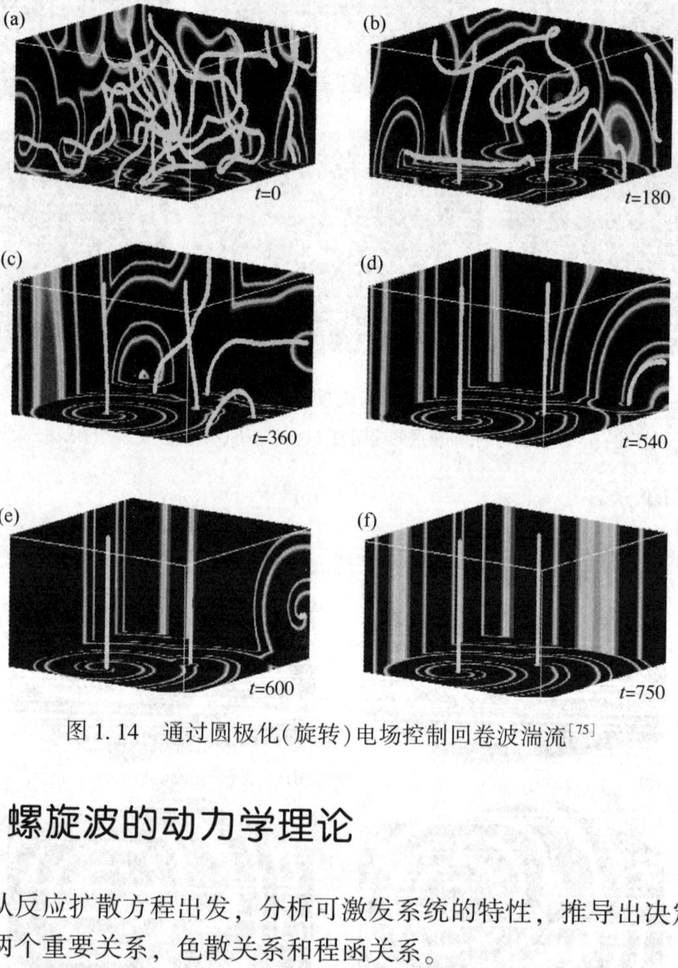


图 1.14　通过圆极化（旋转）电场控制回卷波湍流[75]

## 1.6　螺旋波的动力学理论

我们将从反应扩散方程出发，分析可激发系统的特性，推导出决定螺旋波动力学行为的两个重要关系，色散关系和程函关系。

### 1.6.1　色散关系

用来决定行波行为的色散关系（dispersion relation），即行波波速与激发周期之间的关系，主要是基于 Tyson 和 Keener 在 20 世纪 80 年代逐渐完善的理论[79-82]。我们考虑下面这样一个去量纲以后得到的反应扩散方程：

$$\begin{aligned}\varepsilon\frac{\partial u}{\partial t}&=f(u,\ v)+\varepsilon^2\nabla^2 u\\ \frac{\partial v}{\partial t}&=g(u,\ v)+\varepsilon\delta\nabla^2 v\end{aligned}\tag{1.6}$$

这里的 $\varepsilon$ 还是之前提到的表征变量 $u$ 和 $v$ 时间尺度的数值为正的小量，而 $\delta$ 是两变量的扩散系数之比 $\delta=D_v/D_u$。从上一章的定性分析中，我们知道上面的反应扩散方程可能支持行波。现在先只考虑一维空间的情形，也就是先寻找方程(1.6)在一维空间中具有一定波速和波形的行波解。这时就有 $u(x,\ t)=u(z)$，$v(x,\ t)=v(z)$，$z=x-ct$。这里的 $c$ 指的是固定的行波波速。在这样一个移动坐标系中，方程(1.6)变为如下的常微分特征方程形式

$$\begin{aligned}\varepsilon^2\frac{\mathrm{d}^2 u}{\mathrm{d}z^2}+\varepsilon c\frac{\mathrm{d}u}{\mathrm{d}z}+f(u,\ v)&=0\\ \varepsilon\delta\frac{\mathrm{d}^2 v}{\mathrm{d}z^2}+c\frac{\partial v}{\partial z}+g(u,\ v)&=0\end{aligned}\tag{1.7}$$

首先令小量 $\varepsilon=0$，此时上面方程(1.7)第一式变为 $f(u,\ v)=0$。从 $u$ 和 $v$ 的相图 1.7(a)可知，对于 $v_{\min}\leqslant v\leqslant v_{\max}$，$f(u,\ v)=0$ 有两个稳定解 $u=h_{\pm}(v)$（在 $h_+(v)$ 和 $h_-(v)$ 之间的第三个解，由于不稳定，在这里不予考虑）。这里假设 $h_+(v)>h_-(v)$，也就是 $h_+(v)$ 在相图 1.7(a)中 $f(u,\ v)=0$ 的右支上，$h_-(v)$ 在左支上。现在假设在 $z<0$ 的空间中 $u$ 的值在 $u=h_+(v)$ 上，在 $z>0$ 的空间中 $u$ 的值在 $u=h_-(v)$ 上。那么在这两个极限之间必定存在一点($z=0$)，在这个点上 $f(u,\ v)=0$ 的解变得不连续，因此不能再忽略方程中系数为 $\varepsilon$ 的项。这时需要考虑 $u=h_+(v)$ 和 $u=h_-(v)$ 之间的边界层的情况，边界层的厚度为 $O(\varepsilon)$。

为了知道边界层附近的情况，在方程中引入一个延展坐标系 $\xi=z/\varepsilon$。在这个新的坐标系下，方程(1.7)变为

$$\begin{aligned}\frac{\mathrm{d}^2 u}{\mathrm{d}\xi^2}+c\frac{\mathrm{d}u}{\mathrm{d}\xi}+f(u,\ v)&=0\\ \delta\frac{\mathrm{d}^2 v}{\mathrm{d}\xi^2}+c\frac{\partial v}{\partial\xi}+\varepsilon g(u,\ v)&=0\end{aligned}\tag{1.8}$$

这里要求和前面的解相对应，也就是当 $\xi\to-\infty$ 的时候 $u=h_+(v)$，当 $\xi\to+\infty$ 的时候 $u=h_-(v)$。在一级近似中令 $\varepsilon=0$，并要求变量 $v$ 对所有的 $\xi$ 有界。在这些条件下方程(1.8b)有唯一解：$v=v_0$，$v_0$ 是在$[v_{\min},\ v_{\max}]$之内的一个常数。因此在 $u=h_+(v)$ 和 $u=h_-(v)$ 之间的边界层上，系统的一级$[O(\varepsilon)]$近似解由下面的式子决定

$$
\begin{cases}
v=v_0, \\
\dfrac{d^2u}{d\xi^2}+c\,\dfrac{du}{d\xi}+f(u,\ v_0)=0, \\
u(-\infty)=h_+(v_0),\ u(+\infty)=h_-(v_0).
\end{cases} \tag{1.9}
$$

方程(1.9)是一个对于波速 $c$ 的本征值问题。在 $v_{min} \leqslant v \leqslant v_{max}$ 区间内，波速 $c$ 由 $v$ 一维决定。解出来的 $c$-$v$ 的曲线关系大致如图 1.15 所示，可以看出 $c(v)$ 是关于 $v$ 的单调递减函数。将方程(1.9b)两边同乘 $du/d\xi$ 并对 $\xi$ 在全空间积分，由于当 $\xi \to \pm\infty$ 时 $u=\mp h(v_0)$，有 $du/d\xi=0$，此时有

$$
c=\int_{h_-(v)}^{h_+(v)} f(u,\ v)\,du \Big/ \int_{-\infty}^{+\infty}\left(\frac{du}{d\xi}\right)^2 d\xi \tag{1.10}
$$

如果存在 $v_s$ 满足

$$
\int_{h_-(v)}^{h_+(v)} f(u,\ v_s)\,du=0 \tag{1.11}
$$

则系统存在 $c(v_s)=0$，也就是当波峰位置的变量 $v=v_s$ 时，波速 $c=0$。所以可以看出波峰位置变量 $v$ 的大小控制行波的速度和方向。对于 $v\in(v_{min},\ v_s)$，因为 $c(v)>0$，会形成一个“上跳”的波前，也就是这个波前通过后系统的局部状态由 $u=h_-(v)$ 跳跃至 $u=h_+(v)$；对于 $v\in(v_s,\ v_{max})$，$c(v)<0$，介质中形成“下跳”形波背，即波背通过后系统的局部状态由 $u=h_+(v)$ 跳跃至 $u=h_-(v)$。

现在假设可激发系统的均匀稳定态为 $(u_0,\ v_0)$，即零斜率线 $f(u,\ v)=0$ 和 $g(u,\ v)=0$ 的交点，且这个交点落在 $u=h_-(v)$ 分支上。如果系统的初条件为非均匀的，有一个宽度为 $2x_0$ 的矩形孤立波，变量 $u$ 的设置如图 1.16 所示，变量 $v$ 的数值在整个一维空间中都为 $v=v_0$。

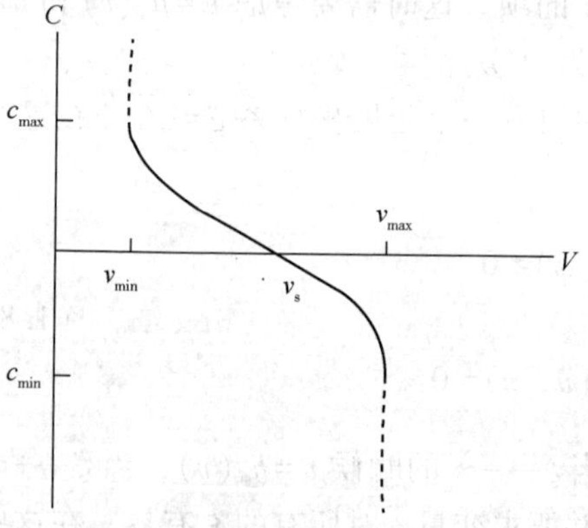


图 1.15　行波波速 $c$ 与变量 $v$ 的关系曲线[82]

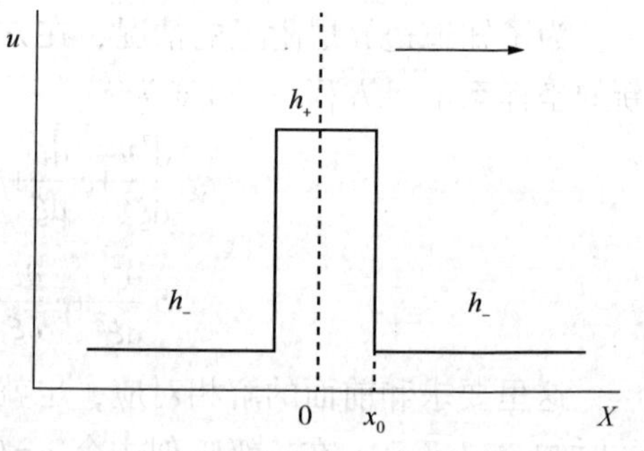


图 1.16　一个宽度为 $2x_0$ 的矩形孤波 $u$ 变量的初条件

这个矩形孤立波将一分为二并对称的向两边传播，所以现在只要考虑一个方

向的情形。一开始的矩形波的波前和波背的传播速度都会受波前和波背处的变量 $v$ 的影响，即服从图 1.15 所示的 $c-v$ 关系曲线。此时就有可能造成波前和波背一开始的传播速度不一致的情形，这就会导致激发波的宽度发生变化，如波前速度大于波背的时候，激发波的宽度就会变宽。但是这种情况不会一直持续下去，系统自身会调节直至波前和波背共同具有相同的速度 $c(v_0)$ 向前传播，此时的激发波的宽度也将保持不变。也就是说孤立行波最后稳定传播的速度是由波前处的变量 $v$ 的值决定。

如果系统中有一个微扰源以周期 $T$ 对系统做激发性扰动，这时行波的波速就不再只是 $v_0$ 的函数，同时也与扰动周期 $T$ 有关。设想系统在周期扰动下向外传播激发波列。第一个激发波的波速与孤立波一样，$c=c(v_0)$，但是如果激发周期 $T$ 不够长，以至于第二个激发波会在介质还没完全恢复到稳定态($u_0$，$v_0$)之前就到来。设第二个激发波波前处的 $v$ 值为 $v_2$，因为 $v_2>v_0$，所以第二个波的波速 $c(v_2)<c(v_0)$。随着连续激发波的不断到来，系统会自动调节到一个时空周期稳定态，这时在波前和波背的位置上恢复变量 $v$ 分别为 $v_f$ 和 $v_b$，满足 $|c(v_f)|=|c(v_b)|$。如果忽略变量在两个稳定分支间跳跃所用的时间，激发波稳定后的周期可以分为两部分：$T=T_++T_-$(图 1.17)，这里有

$$T_+=\int_{v_f}^{v_b}\frac{\mathrm{d}v}{g(h_+(v),\ v)},\qquad T_+=\int_{v_b}^{v_f}\frac{\mathrm{d}v}{g(h_-(v),\ v)}\tag{1.12}$$

显然波列的周期 $T$ 与波速 $c$ 都可以表达为 $v_f$ 的函数。将这两个关系结合并去掉 $v_f$，就可以得到波速 $c$ 与激发周期 $T$ 之间的关系，这个关系就叫做色散关系。一般来讲 $c(v_f)$ 和 $T(v_f)$ 都是关于 $v_f$ 的减函数，所以在一定范围内，$c$ 是 $T$ 的增函数。对于具体的反应扩散系统，利用方程(1.6)~(1.8)的数值解可得如图 1.18(a)所示的色散关系曲线。在一般情况下对于一个 $T$ 存在着两个 $c$ 值，其中速度大的 $c$ 是稳定的，低速度的 $c$ 是不稳定的。系统不一定在($C_{\min}$，$T_{\min}$)处交换稳定性[83]。从图 1.18(a)中我们可以看出，当 $T\to\infty$ 时，系统回到孤立波的情形，$c\to c(v_0)\equiv c_{\max}$，$c_{\max}$ 现在指系统孤立波的速度；当 $T$ 减小时，$v_f$ 增加，速度 $c$ 减慢；当 $T$ 减少到一定值的时候，由于 $v_f$ 很大，系统丧失了可激发能力，行波将不再产生。而色散关系还可以表示成角频率 $\omega$ 和波数 $k$ 的关系，如图 1.18(b)所示，这和图 1.18(a)中的 $c-T$ 关系是等价的。得到色散关系曲线的方法并不唯一，有兴趣的可以参阅文献[84，85]。

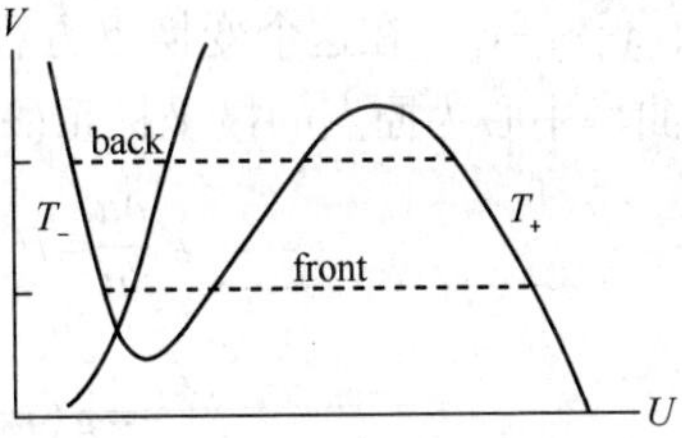


图 1.17　周期波列的周期主要由 $T_+$ 和 $T_-$ 两部分组成[82]

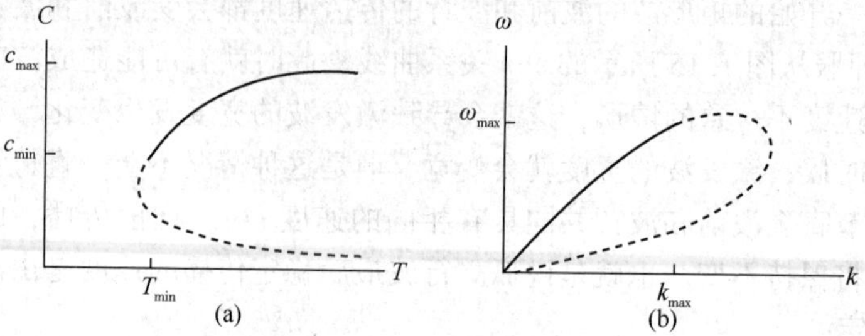


图 1.18　色散关系曲线

(a)波速作为周期的函数；(b)角频率作为波数的函数。

实线表示稳定的波列得到的结果，虚线是不稳定的情况[82]

## 1.6.2　程函关系

上面介绍的色散关系是在一维系统中得到的。在二维系统中，系统中的行波会发生弯曲。上一章中定性的分析了螺旋波发生弯曲的原因。这时行波的波速不再只是变量 $v_f$ 与激发周期 $T$ 的函数，而且还是波前等高线上曲率的函数。Zykov 在文献[86，87]中，最先强调了曲率对螺旋波动力学行为有重要影响。为了推导出曲率对行波速度的影响，需要引入新的坐标系，文献[88]中给出了具体的推导过程。首先把反应扩散方程(1.6)的坐标原点平移到要研究的波前对应的曲率中心上，$x \to x-x_0$，$y \to y-y_0$。在这个变换下方程(1.7)的形式不变。第二步将方程(1.6)具体放在以曲率中心为原点的极坐标系$(r, \phi)$中考虑，则方程(1.7)变为

$$\begin{aligned}\varepsilon \frac{\partial u}{\partial t} &= f(u, v) + \varepsilon^2 \frac{\partial^2 u}{\partial r^2} + \frac{\varepsilon^2}{r}\frac{\partial u}{\partial r} + \frac{\varepsilon^2}{r^2}\frac{\partial^2 u}{\partial \phi^2} \\ \frac{\partial v}{\partial t} &= g(u, v) + \varepsilon\delta \frac{\partial^2 v}{\partial r^2} + \frac{\varepsilon\delta}{r}\frac{\partial v}{\partial r} + \frac{\varepsilon\delta}{r^2}\frac{\partial^2 v}{\partial \phi^2}\end{aligned} \tag{1.13}$$

沿着波前的切向方向反应物浓度不变，因而在这个方向上的浓度梯度可以忽略不计，有

$$\frac{\partial^2 u}{\partial \phi^2} = 0, \qquad \frac{\partial^2 v}{\partial \phi^2} = 0.$$

又因为极坐标的原点是曲率中心，所以有 $1/r = K$，这里的 $K$ 是波前处的曲率。经过这样的处理，方程(1.13)变为

$$\begin{aligned}\varepsilon \frac{\partial u}{\partial t} &= f(u, v) + \varepsilon^2 \frac{\partial^2 u}{\partial r^2} + K\varepsilon^2 \frac{\partial u}{\partial r} \\ \frac{\partial v}{\partial t} &= g(u, v) + \varepsilon\delta \frac{\partial^2 v}{\partial r^2} + K\varepsilon \frac{\partial v}{\partial r}\end{aligned} \tag{1.14}$$

第三步，将坐标原点平移到波前等高线上，这一步对方程(1.14)的形式没有

影响。最后再寻找系统的行波解，令 $r'=r-Nt$，$N$ 为波前法向速度，则有

$$\begin{aligned}&\varepsilon^2\frac{\partial^2 u}{\partial r'^2}+\varepsilon[N+\varepsilon K]\frac{\partial u}{\partial r'}+f(u,\ v)=0\\&\varepsilon\delta\frac{\partial^2 v}{\partial r'^2}+[N+\varepsilon\delta K]\frac{\partial u}{\partial r'}+g(u,\ v)=0\end{aligned}\qquad(1.15)$$

当 $K=0$ 的时候，上面的方程就还原成一维中提到的方程(1.7)。和前面一维中的分析类似，如果令 $\varepsilon=0$，系统有一个不连续的解，就是波前的前方系统在 $u=h_-(v)$ 分支上；波前的后方的空间中系统在 $u=h_+(v)$ 的分支上。再用和前面的一样的分析方法，为了得到常微分特征方程(1.15)的解，需要在波前附近将系统延展，即令 $\xi=r'/\varepsilon$，代入方程(1.15)后得

$$\begin{aligned}&\frac{\partial^2 u}{\partial \xi^2}+[N+\varepsilon K]\frac{\partial u}{\partial \xi}+f(u,\ v)=0\\&\delta\frac{\partial^2 v}{\partial \xi^2}+[N+\varepsilon\delta K]\frac{\partial u}{\partial \xi}+g(u,\ v)=0\end{aligned}\qquad(1.16)$$

令 $\varepsilon=0$，与一维情形中的分析类似，可以得到和方程(1.9)类似的结果

$$\begin{cases}v=v_0,\\ \dfrac{\mathrm{d}^2 u}{\mathrm{d}\xi^2}+[N+\varepsilon K]\dfrac{\mathrm{d}u}{\mathrm{d}\xi}+f(u,\ v_0)=0,\\ u(-\infty)=h_+(v_0),\ u(+\infty)=h_-(v_0).\end{cases}\qquad(1.17)$$

与方程(1.9)相比可以得到

$$N=c(v_f)-\varepsilon K\qquad(1.18)$$

方程(1.18)被称为可激发系统的程函关系，与几何光学中的程函关系类似。从程函关系(1.18)可以看出，波前的法向速度等于平面波的波速加上一个曲率修正。当波前等高线向波传播方向向外弯曲的时候($K>0$，如图 1.19 的 $A$ 点所示)，波速会小丁对应的平面波速；当波前等高线向行波传播方向向内弯曲的时候($K<0$，如图 1.19 中 $B$ 点所示)，波速会大于对应的平面波速。从图 1.19 中可以看出，由于这样通过曲率的修正调节，原来由于受到微扰而凹凸不平的波前将随着时间的演化自发的变得平滑。对于波背，由于 $c(v_b)<0$，同时曲率 $K$ 和法向速度 $N$ 的数值都与对应波前上的数值符号相反，所以程函关系(1.18)在波背上依然适用，所产生的效应与波前一致。

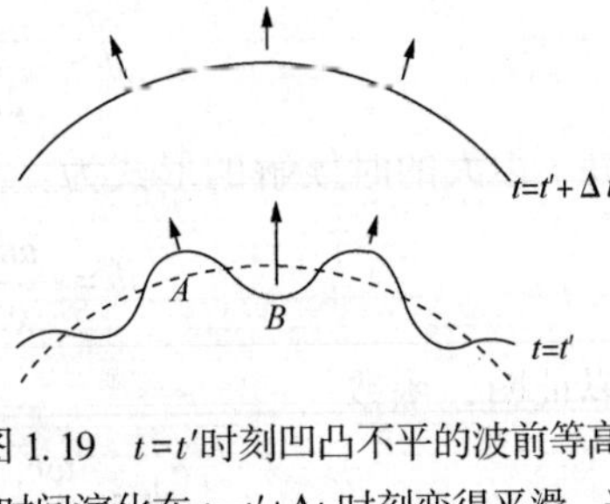


图 1.19　$t=t'$时刻凹凸不平的波前等高线随着时间演化在 $t=t'+\Delta t$ 时刻变得平滑。这可以用程函关系来加以解释。$A$ 点曲率 $K>0$，$B$ 点曲率 $K<0$

对于螺旋波，这样一种程函关系实际上是确定螺旋波的波形结构及螺旋波本身的旋转频率的一种微分方程。下面来看一下这个微分方程的具体形式。对于一个逆时针旋转的螺旋波，它的波前曲线满足如下关系：

$$x=r\cos[\theta(r)-\omega t],\qquad y=r\sin[\theta(r)-\omega t].$$

波前法线速度与曲率分别为

$$N=\frac{\omega r}{(1+\psi^2)^{1/2}},\qquad K=\frac{\psi'(r)}{(1+\psi^2)^{2/3}}+\frac{\psi}{r(1+\psi^2)^{1/2}}.\tag{1.19}$$

这里 $\psi(r)=r\theta'(r)$。将式(1.19)代入程函关系(1.18)中，可以得到一级微扰近似下关于 $\psi$ 的常微分方程：

$$r\frac{\mathrm{d}\psi}{\mathrm{d}r}=(1+\psi^2)\left[\frac{rc}{\varepsilon}(1+\psi^2)^{1/2}-\frac{\omega r^2}{\varepsilon}-\psi\right]\tag{1.20}$$

理论上，从方程(1.20)可以求得 $\psi(r)$，进而通过下面的式子得到螺旋波的具体形状。

$$\theta(r)=\int r^{-1}\psi(r)\,\mathrm{d}r\tag{1.21}$$

常微分方程(1.20)的解取决于系统的边界条件。螺旋波的边界问题，在很大程度上是悬而未决的。原因是现在还无法确定缺陷点(螺旋波端点)的运动形式。比如现在假设螺旋波波前的上的缺陷点是固定不动的，波前等高线在无穷大的介质中绕着这个固定点做刚性旋转。以这个固定点为原点建立极坐标系，这时的边界条件为：

$$\begin{aligned}&\psi(r=0)=0,\\&\psi(r\to\infty)=kr\end{aligned}\tag{1.22}$$

这里的 $k=2\pi/\lambda$ 是螺旋波在远离中心处的波数。也就是说远离固定不动的缺陷点的时候，螺旋波波前之间的距离是均匀的，都是波长 $\lambda$。

早在 1951 年，Burton 等人就分析了在边界条件(1.22)下方程(1.20)的解的形式[89]，并指出在 $r$ 很小的时候，解有下面的形式：

$$\psi=-\frac{cr}{2\varepsilon}+\frac{\omega r^2}{3\varepsilon}+O(r^3)\tag{1.23}$$

而在 $r$ 很大的时候解的形式为：

$$\psi=-\frac{\omega r}{c}-\frac{\omega\varepsilon}{c^2}+O\left(\frac{1}{r}\right).\tag{1.24}$$

可以证明，函数

$$\psi=-\frac{\omega r}{c}\left[1+\left(\sqrt{3}+\frac{cr}{\varepsilon}\right)^{-1}\right]\tag{1.25}$$

在 $r\to0$ 的时候可以简化到式(1.23)，而 $r\to\infty$ 的时候简化到式(1.24)。但是这里的先决条件是螺旋波的旋转频率与波速必须满足一定的条件：

$$\omega = m^* c^2/\varepsilon \tag{1.26}$$

其中 $m^*=0.317$，是一个常数。将式(1.24)按照式(1.21)的方式积分，可以得到螺旋波波前的解析表示：

$$\theta(r) = -m^*\left[\frac{cr}{\varepsilon}+\ln\left(\sqrt{3}+\frac{cr}{\varepsilon}\right)\right]+\text{const.} \tag{1.27}$$

近似解(1.25)和直接对方程(1.20)和边界条件(1.22)做数值迭代得到的结果吻合得很好。

可以看出，并不是任意的 $c$ 和 $\omega$ 的值都能满足边界条件(1.22)，它们之间的关系式(1.26)就限定了 $c$ 和 $\omega$ 之间的特定关系，这样的关系被称为曲率关系(或本构关系)。人们在实验中发现的螺旋波的端点大部分时候都不是静止不动的，很多时候它的端点是绕着一个半径为 $r_0$ 的圆圈做圆周运动。对于这样的边界条件，可以用上述类似的方法得到螺旋波的波形解以及对于的曲率关系。只是此时的曲率关系还与 $r_0$ 有关：

$$\frac{\omega}{\varepsilon} = \Omega\left(\frac{c}{\varepsilon};\ r_0\right) \tag{1.28}$$

色散关系与曲率关系的结合，决定了螺旋波的动力学行为，即波速 $c$、波数 $k$ 与频率 $\omega$ 之间的关系。如图 1.20 所示，色散关系与曲率关系曲线的交点唯一决定了可激发系统中行波的周期和传播速度。

需要说明的是，由程函关系(1.18)推导到曲率关系的过程不涉及具体动力学过程，即方程(1.20)不包含具体的动力学函数 $f(u, v)$ 和 $g(u, v)$，所以曲率关系是具有普适性的，适用于一切可激发体系，与具体动力学模型无关。而色散关系的推导一定要引入具体的 $f(u, v)$ 和 $g(u, v)$ 函数，对于不同的系统它的形式不同。

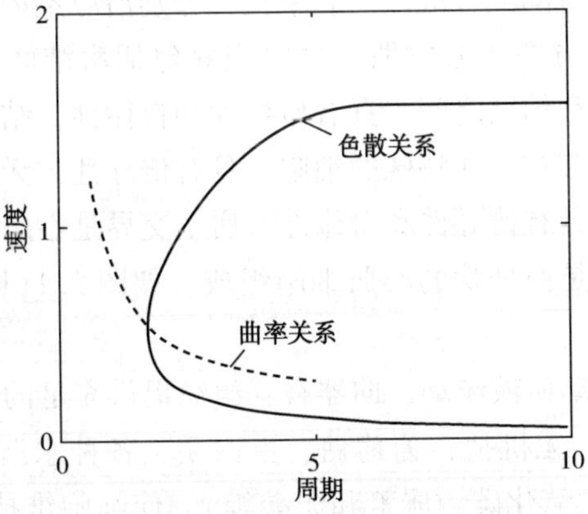


图 1.20　色散关系与曲率关系曲线的交点唯一决定了可激发系统中行波的周期和传播速度[79]

# 第2章 心脏心律失常及控制方法

## 2.1 心脏及其正常的搏动

心脏是人和脊椎动物体内推动血液循环的器官，主要功能是提供压力，把血液运送至身体各个部分。心脏是循环系统中的动力。人的心脏基本上和本人的拳头大小一样，外形像桃子，心尖偏向左。位于横膈之上，纵膈之间，胸腔中部偏左下方，两肺间而偏左。如图2.1(a)所示，它主要由心肌构成，有左心房(left atrium)、左心室(left ventricle)、右心房(right atrium)、右心室(right ventricle)四个腔[90]。左右心房之间和左右心室之间均由间隔隔开，故互不相通，心房与心室之间有瓣膜，这些瓣膜使血液只能由心房流入心室，而不能倒流。

心脏有节律地跳动，是由于心脏本身含有一种特殊的心肌纤维，具有自动节律性兴奋的能力。构成心脏的传导系统，它包括窦房结、房室交界、左右房室束和浦肯野纤维。窦房结位于右心房接近上腔静脉入口处的心外膜下，含起搏细胞(P细胞)和过渡细胞，为正常起搏点。P细胞发生兴奋通过过渡细胞传至心房肌，使心房肌收缩。同时兴奋可经结间束下传至房室结。房室结位于房间隔下部，由房室结发出房室束进入心室。房室结将窦房结发出的冲动传至心室引起心室收缩。房室束进入室间隔分成左、右束支，分别沿心室内膜下行，最后以细小分支即为浦肯野纤维分布于心室肌。房室交界包括房结区、结区和结希区三部分。房结区位于心房和结区之间，具有传导性和自律性。结区相当于光学显微镜所见的房室结，这里存在一些特殊的细胞，具有传导性，无自律性。结希区位于结区和希氏区之间，具有传导性和自律性。房室交界是心房和心室之间唯一的电通路。心脏组织主要是由杆状的心肌细胞组成，如图2.1(b)为一个心室肌细胞的图像。

心脏的作用是推动血液流动，向器官、组织提供充足的血流量，以供应氧和各种营养物质(如水、无机盐、葡萄糖、蛋白质、各种水溶性维生素等)，并带走代谢的终产物(如二氧化碳、尿素和尿酸等)，使细胞维持正常的代谢和功能。体内各种内分泌的激素和一些其他体液因素，也要通过血液循环将它们运送到靶细胞，实现机体的体液调节，维持机体内环境的相对恒定。此外，血液防卫机能的实现，以及体温相对恒定的调节，也都要依赖血液在血管内不断循环流动，而血液的循环是由于心脏“泵”的作用实现的。成年人的心脏重约 300g，它的作用是巨大的，例如一个人在安静状态下，心脏每分钟约跳 70 次，每次泵血 70mL，则每分钟约泵 5L 血，如此推算一个人的心脏一生泵血所作的功，大约相当于将 30000kg 重的物体向上举到喜马拉雅山顶峰所作的功。组成心脏的心肌有节律地收缩和舒张形成心脏的搏动。心肌收缩时，推动血液进入动脉，流向全身；心肌舒张时，血液由静脉流回心脏。所以，心脏的搏动推动着血液的流动，是血液运输的动力器官。

对于正常的心脏搏动或者正常的窦性搏动(Normal Sinus Rhythm)。心脏一次收缩和舒张，称为一个心动周期。它包括心房收缩、心房舒张、心室收缩和心室舒张四个过程。首先由窦房结产生冲动，然后传导到右心房和左心房，指令心房细胞肌肉收缩。由于心房内的结构束及心房肌本身传导冲动的速度快，使左右心房基本上同步收缩。但是对于房室结的冲动传导速度很慢，一般需要 0.12～0.20s。所以冲动经过房室结需要一定的时间，心房、心室收缩-舒张的配合极为重要。因为这一时间的延后，心房收缩时，心室尚未接到冲动，仍然处于舒张状态，所以此时心室内的压力低，心房收缩排出的血液，能顺利流入心室，保证心室有足够的血液充盈。当冲动进过房室结之后，迅速经希氏束、左右束支、浦肯野氏纤维扩布到左右心室的各个部位的心内膜下层，其传导速度高达 3～4m/s，故其所需的时间极短。然后冲动通过心肌向心外膜传导。心室收缩后必须舒张，再次注满血液，以使下次泵血时有血液打出。心室舒张时，心室肌肉的电活动实际上是处于复极过程，然后达到复极状态。此时若有新的冲动到来，就可再次除极，产生兴奋收缩。如此，心脏就能做到周而复始的收缩—舒张—收缩，不停顿地产生搏动。

在心脏的不同区域，心肌细胞具有不同的行为，如图 2.1(c)。临床上，用心电图(ECG)记录心脏的电活动。心电图是利用心电图机从体表记录心脏每一心动周期所产生的电活动变化图形的技术，是对整个心脏的电活动的一个加权测量。图 2.1(d)给出了一个正常人体的心电图。正常心脏的电激动从窦房结开始。图中 P 波代表了心房的激动，前半部代表右心房激动，后半部代表左心房的激动，是心房除极。随后大的飙升叫做 QRS 复合波，QRS 复合波代表了心室的除极，通过浦肯野纤维网络和心室的电信号的传导。随着心室组织的区域开始复极化，心电图信号再慢慢地上升到峰值，然后又一次滑落时，称为 T 波。两个连续的 QRS 复合波之间的时间间隔称为 RR 间隔，对应着一次心动周期的时间。从 QRS 复合波的起点到 T 波底的时间间隔被称为 QT 间隔，代表了心室除极到完全复极的时间。

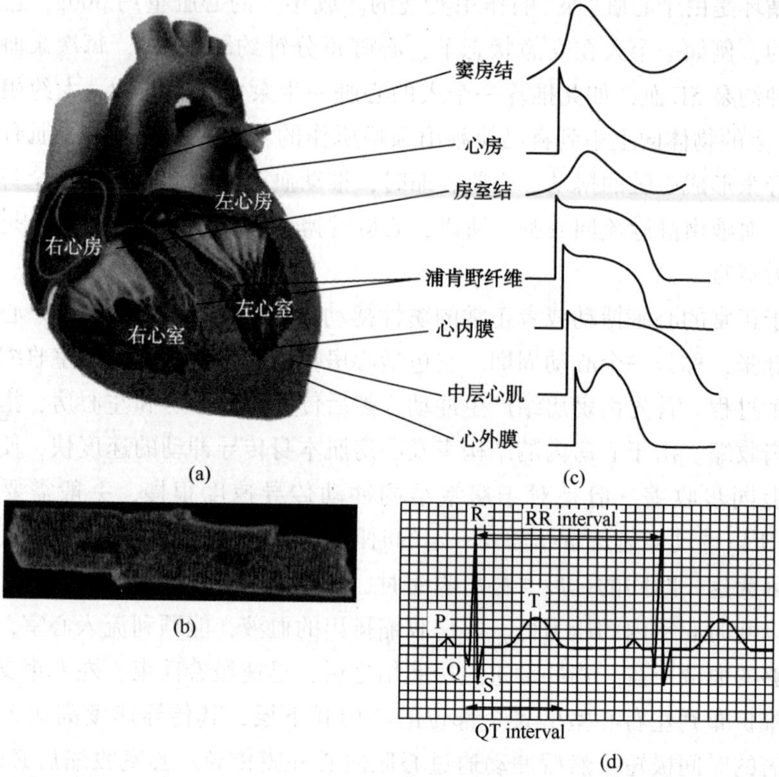


图 2.1　正常心脏结构和功能

(a)心脏结构。(b)一个心室肌细胞的图像。(c)在不同的区域，心脏动作电位的形态。(d)心电图正常的情节说明，举例了 P 波、QRS 复合波、T 波，RR 间隔和 QT 间隔[90]

## 2.2　心律失常

我们常说的心脏疾病有很多种，其中一种就是由于心脏搏动过快或过慢而引起的，也就是我们所说的心律失常[91]。其中心脏搏动过快称为心动过速，心脏搏动过慢称为心动过缓。心律失常也分很多种类型，如窦性心跳过缓、窦性心跳过速、窦性心律失常、心脏传导阻滞等，有些是无害的，但有些会造成严重的心脏疾病。室性心律失常，特别是心室颤动(VF)是危及生命的，它是引起心跳骤停最常见致死性心律失常，在发生心跳骤停的病人中，约 80%为室颤引起。当心室颤动发生时，心脏失去泵送能力，由于缺乏血液供应，几分钟内可能会发生脑损伤。房性心律失常不那么致命，但心房颤动增加了中风的风险，并且影响了很大一部分老年人群，这正成为一个主要的医疗问题。

室性心律失常通常突然且不可预测地出现，其中心室内的电活动变得快速和疯狂，并且心脏的协调收缩不是减弱就是消失。发生心律失常时，心电图会发生明显变化。图 2. 2 显示了患有威胁生命的心律失常的患者的心电图，该患者经历了三种不同的转变。在第一次转变时，窦性心律突然变为快速异常节律，称为室性心动过速(VT)。经过几次心跳后，异常但相对规则的心电图变得更快、更弱、更不规则，这是从室性心动过速向心室颤动的过渡。幸运的是，几秒钟后，心室颤动自发终止且恢复了窦性心律，挽救了患者的生命。在许多情况下，心室颤动发作大部分是致命的，除非通过电除颤立即终止。除颤是一种治疗方法，能够提供高能量电击来重置心脏中的电活动，将心跳转换回正常的窦性心律。

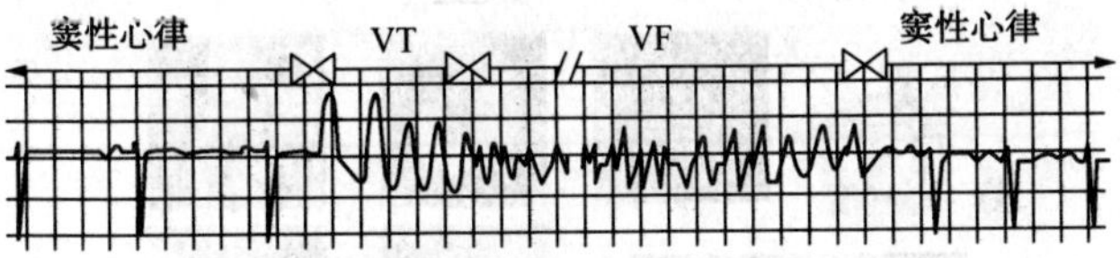


图 2. 2　心律失常中的转变

注：来自患者的心电图显示从窦性心律到 VT，从 VT 到 VF，从 VF 回到窦性心律的转变

具体来说，正常的心脏搏动从右心房的窦房结发出使心肌兴奋收缩的信号，是一个连贯的波，近似于平面波的方式通过整个组织，依次传递到心脏的其他部位，左右心房各个部分的肌肉几乎在心室舒张的同时有节律的搏动收缩(称为窦性节律)，促进心房内的血液进入心室，保证血液从心室进入主动脉并到达全身组织器官。随后肌肉恢复，等待下一个激发。但是如果该波没有激发整个的组织，发生异常传导，中途被折断，那么就会形成自持续的螺旋波。图 2. 3 展示的是实验中在犬类心外膜心肌细胞中所观察到的旋转螺旋波。

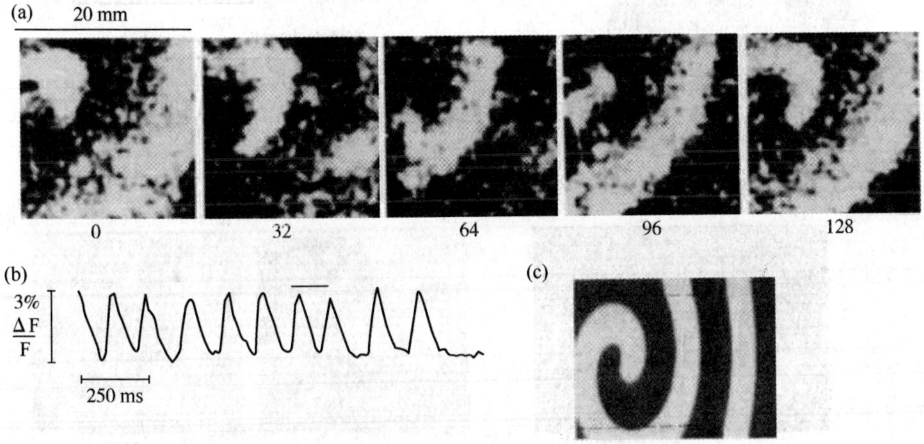


图 2. 3　在犬类的心外膜心肌细胞上观察到的螺旋波

(b)为螺旋波对应的心电图。(c)是在 FHN 模型上得到的螺旋波[14]

由于螺旋波的频率大于心脏起搏的频率，一旦影响了心室，就会引起心脏搏

动加快，也就是我们所说的心动过速。此时心室与心房的收缩配合将变得不再协调，以至于心脏的泵血功能将受到损害。之后如果螺旋波破碎形成了更多的波段，将造成一个混沌的状态——湍流态，也就是我们所说的心室颤动。图 2.4 及图 2.5 清楚地描述了正常心脏搏动，心动过速以及心颤的心电图，并且通过数值

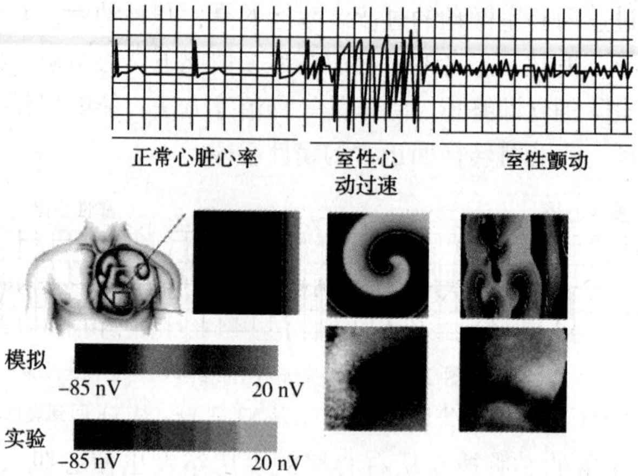


图 2.4　心律失常

正常心脏搏动演变为心动过速，进一步演变为心室颤动[91]

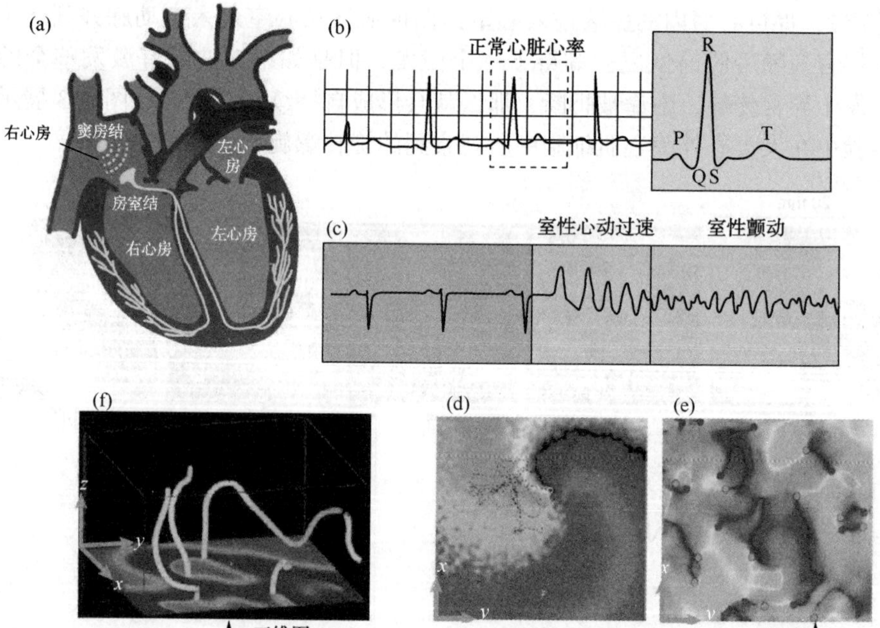


图 2.5　心脏心律失常的概述

(a)心脏传导系统。(b)正常心脏搏动的心电图。(c)心动过速及心颤的心电图。(d)二维心脏组织培养细胞内钙离子浓度显示的螺旋波。(e)在狗的左心室心外膜表面观察到的湍流波。(f)三维数值模拟的结果[36]

模拟及实验上观察到了对应的情形。心颤之后，各个组织序列都变得紊乱，从而导致心脏的搏动失去了原有的动力。这个结果将导致循环停滞，也就是心脏骤停，心脏本身也将受到损伤，并影响着其他器官及其大脑，几分钟之内即可导致死亡。因此可以说心颤是一个致命的心脏活动，它是自然发生猝死的主要原因之一。另外我们所说的心房颤动，主要是由于心肌兴奋收缩的信号在心房内异常传导，反复折返使心房各个部分的肌肉快而无序的搏动，与心室搏动失去协调性和关联性。但是相比心室颤动，它不会立即导致死亡，主要是因为有房室结的干预，从而使得传输到心室的频率总是有一个上限，而不至于过快。而美国医学会期刊(JAMA)最新研究指出，罹患心房颤动、心肌梗塞发生率将倍增，中风机率也是一般人的5倍。

## 2.3 心脏的多尺度调节

由于心脏的复杂性以及我们无法确定潜在的机制和正确的治疗目标，抗心律失常疗法的效果具有局限性。心脏和其他器官一样，受不同时间和空间尺度的因素调节。时间跨度从毫秒到几年，从纳米到厘米的长度范围，从基因、蛋白质到细胞和组织结构(图2.6)。在分子水平上，基因和蛋白质形成调节和信号网络，以调节离子通道功能、亚细胞、细胞和组织结构。离子通道是插入生物膜的复杂蛋白质，并形成允许离子通过的孔。心肌细胞含有数十万个离子通道，它们相互作用以产生激发的动作电位以及用于收缩的细胞内钙离子信号。离子通道遵循热力学规则随机地打开和关闭，因此在分子水平上，动态是由微观随机热波动控制的。紧接在单个分子上的水平是细胞器级别，例如肌浆网(SR)、细胞的内部钙离子储存以及细胞的能量工厂线粒体。这些细胞器的空间尺度范围从几百纳米到几微米，包含数十到数百个离子通道。在这个尺度上的动力学是介观的，其特征在于许多随机离子通道的集体行为。例如，钙离子火花是由SR膜中的离子通道集群引起的集体行为，称为钙离子释放单位(CRU)。尽管钙离子火花呈现出某些随机特征，但它代表了钙离子释放单位的出现特性，其表现出与单个离子通道的随机开放和闭合行为非常不同。心室肌细胞含有数以千计的钙离子释放单位，其通过肌浆网和胞质溶胶中的钙离子扩散形成网络。由于此网络中的钙离子释放单位耦合，发生钙离子波和振荡。在整个细胞水平上，复杂的动作电位和钙离子动态通过分叉和动力学不稳定性(例如APD交替变化、极限环振荡、混沌等)出现。在组织和器官尺度上，出现不同的电波动态、正常的心脏节律以及致命的心律失常。在细胞和组织尺度上，动态是由宏观确定性行为支配的。然而，在某些条件下，分子尺度的微观热波动可能导致细胞和组织尺度的宏观随机波动，这可能导致心律失常和心脏性猝死的不可预测性。

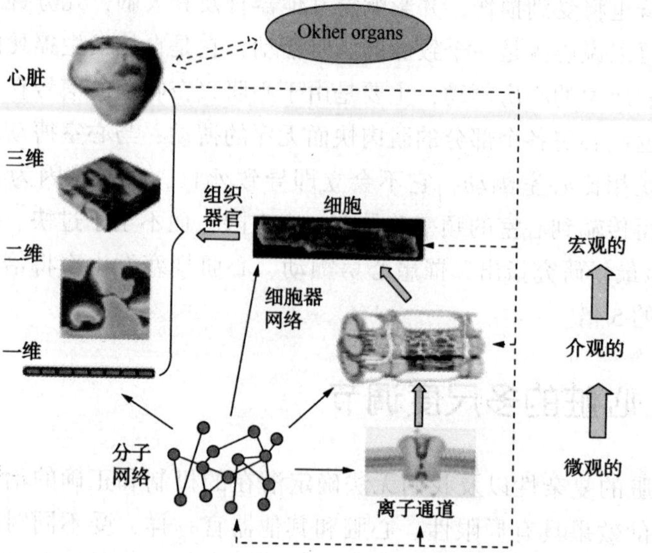


图 2.6　心律的多尺度调节

图中为基因和蛋白质网络、离子通道、细胞器网络、细胞以及组织和器官的示意图，以及心脏中的相互作用。图中粗箭头标志着比例变化。细实线箭头表示不同比例的分子调控。细虚线箭头表示反馈规定[90]

虽然正常的心律、心律失常受基因、蛋白质、亚细胞、细胞和组织等级的调节，但这些因素也受心脏节律的影响。例如，心脏的收缩可能激活机械敏感通道；快速心率引起钙离子积累，然后影响激发和钙离子循环动力学；并且长期的心律失常或快速心率会导致蛋白质、细胞器、细胞和组织尺度特性(例如心脏肥大)的重塑。另外，心脏也与其他器官，特别是大脑相互作用。例如，心率和心律失常的风险受到昼夜节律和中枢神经系统的影响。

## 2.4　临床治疗心律失常的方法

目前治疗室性心律失常和心脏性猝死的效果有限。临床试验表明，目前可用的抗心律失常药物对预防室性心律失常无效，甚至可能比安慰剂导致更多的死亡。现在临床医学上治疗心律失常的方法主要是采用电击除颤及人工心脏起搏器。电击除颤是用较强的脉冲电流通过心脏来消除心律失常、使之恢复窦性节律的方法[92,93]。也就是说，它是通过大电击的方式来重置整个的心脏电活动。用于心脏电击除颤的设备称为除颤器，如图 2.7 所示。

具体操作一般采用一次瞬时高能脉冲作用于心脏，时间持续约为 4~10ms，电能约 40~400J。若在电击后 5s，心电图显示心搏停止或者非室颤无电活动，则均可视为电除颤成功，如若没有成功，则将进行下一次的电击。一般对于除颤所用的能量，首次除颤用 200J；第二次用 200~300J；第三次为 360J。电击除颤的工作原理就是控制一定能量的电流通过心脏，消除心律紊乱，使心律恢复正常，从而使心脏疾病患者得到抢救和治疗。但是大电击所用能量很大，当它作用于人体进行除颤的同时，它也会给人体本身带来负重。不仅给患者带来疼痛与创伤，也可能使心肌受到损伤。并且除颤成功的可能性随着时间的流逝而降低，每延迟 1min，成功率就可能将下降 7%~10%。

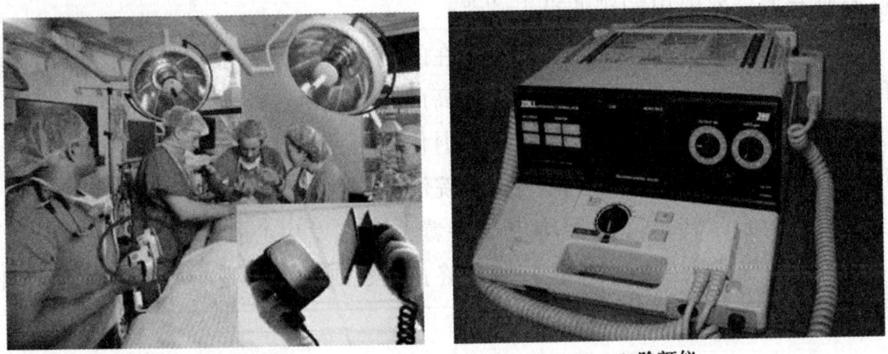
(a)临床除颤示意图　　(b)除颤仪

图 2.7　电击除颤

人工心脏起搏器是一种植入于体内的电子治疗仪器，如图 2.8 所示，它能够帮助调节心脏跳动。如果心脏跳动过快，它可以帮助心脏跳动变缓；如果心脏跳动过缓，它可以帮助调节使得心脏跳动变快。其工作原理主要是通过脉冲发生器发出有规律的电脉冲，再经由导线电极的传导来刺激电极所接触的心肌（心房或心室）。局部心肌细胞在受到外来电刺激的作用会产生兴奋，之后由于细胞间的缝隙连接或闰盘连接，这种兴奋开始向周围心肌传导，最终将导致整个心房或心室的兴奋，并进而产生收缩活动。植入式心律转复除颤器（ICDs）是迄今为止是预防心脏性猝死最有效的疗法，但它们昂贵而且在全球范围内的可用性受到限制。它们也可能有严重的副作用，如疼痛、感染风险和休克。此外，由于风险分层的有效性和心律失常发生的不可预测

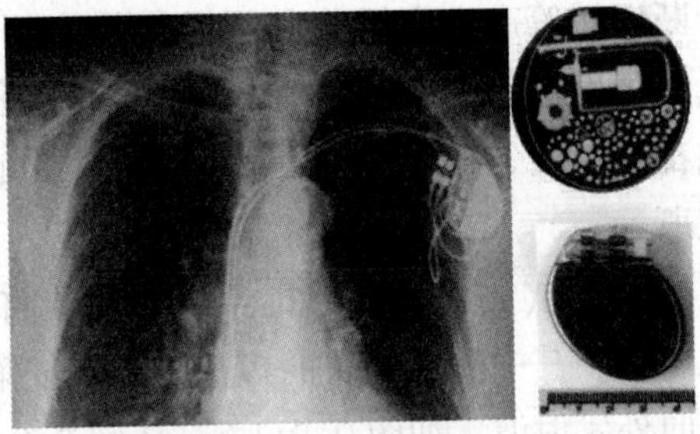
图 2.8　心脏起搏器的示意图

性，临床医生挑选可能从植入型心律转复除颤器治疗中获益的患者是一项挑战。根据临床试验，80%的患者在植入后5年内不能从其装置中获益；即五个植入的ICD中只有一个实际上提供了在休克时的救生。

人工心脏起搏器，其中的一种工作机制就是人们较为熟知的抗心动过速起搏(Anti-Tachycardia Pacing，简称ATP)[94-96]。其主要由起搏电极发射出一系列频率高于螺旋波旋转频率的靶波，从而诱导螺旋波漂移，使得螺旋波终止在心脏组织之外的其他区域内[97]，现在主要用于治疗严重缓慢型心律失常[98]。但是在心脏中是不均匀分布的，总是会存在像血管这样的缺陷，对于螺旋波，它们极易钉扎在这样的缺陷上。而这样被钉扎住的螺旋波以及快速性心律失常(心颤)就很难被心脏起搏器发射出的靶波赶走[99,100]。

基于心律失常动态的治疗有几个潜在的目标。心律失常突然发生，并且是不可预测的。理想的策略是开发可以预防高危患者发生心律失常的治疗剂。另一种方法是防止室性心动过速向心室颤动的退化，因为室性心动过速一般不如心室颤动致死，并且可以给病人更多时间去医院治疗。第三种选择是开发治疗药物，如药物或植入型心律转复除颤器等电子装置，以在发生心律失常时迅速终止。因此，了解心律失常发生、维持、转变和终止的机制对于开发有效的心脏性猝死疗法具有重要意义。

## 2.5 虚拟电极效应治疗心律失常

近年来的研究中发现，虚拟电极效应治疗心律失常的方法引起了大家的关注，这种方法在实验与理论上都得到了较好的结果[101-104]。该方法也被叫做Wave Emission from Heterogeneities(简称WEH)或者远场激发，其主要是将一个低电压的均匀外电场脉冲作用到心脏组织中，在以往的工作中，一般采用匀强电场(Uniform Electric Field，简称UEF)作用到心脏组织中。由于电场作用，它会使得心脏中的电导率非均匀区域或者异构介质(缺陷)如血管、缺血区域或小规模的中断区域等产生去极化和超极化效应，而这也被称为Weidmann区域[105]。如果电场强度足够大，这些缺陷可被看成虚拟电极[106-116]，向外发射波。由于大量缺陷都在激发邻近区域，所以最终整个的心脏组织都将被激发，如图2.9的数值模拟所示。

图2.9(a)是一个模拟系统，电流将从左平面注入，从而刺激整个的方形心肌组织。其中随机分布的短垂线代表缺陷，它们在电场作用下，就会如同虚拟电极向外发射波，如图2.9(b)。从图2.9(b)中，我们也可看到，增大电场强度，能够使更多的缺陷被激发，也就是如图2.9(c)所示电场强度越大，整个介质被

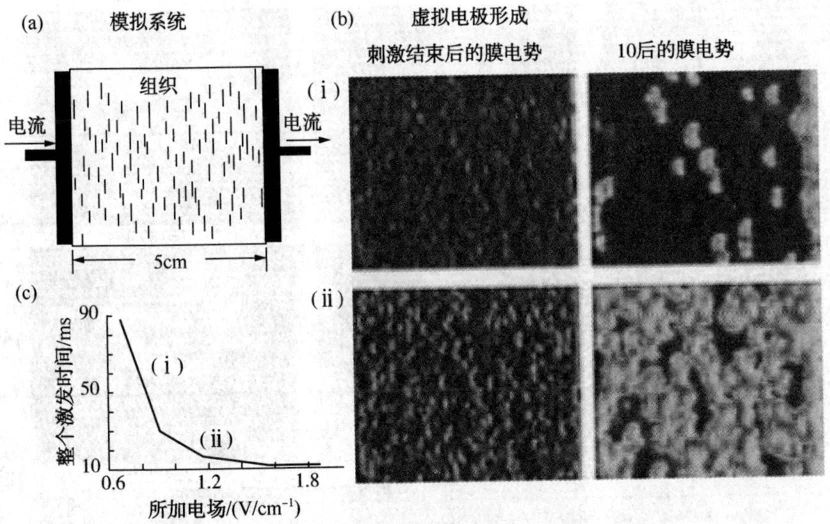


图 2.9　静息态下远场激发模拟

(a)模拟系统。(b)虚拟电极的形成，(a)图中的部分放大图。

(ⅰ)电场强度为 0.8V/cm。(ⅱ)电场强度为 1.14V/cm。(c)电场强度与激发整个区域所需时间的关系[103]

激发起来所需时间就短。从中我们也了解到，若是想要激发整个介质，就必须存在很多很多的缺陷共同作用，这样才能够激发整个区域，达到同步的效果，从而来重置整个心脏组织的电活动。通过图 2.9，已经能够清晰地看到远场激发发射出波来同步整个介质的机制。接下来，就运用这种远场激发的方法来去除螺旋波湍流态，如图 2.10 所示。其初始情况如同图 2.9 一样存在着随机分布的缺陷，只是介质中现在存在着三个自由波。这三个波随机运动，会相互碰撞，但是不容易消失。在 970ms 的时候，加入匀强电场脉冲，我们发现介质中的缺陷如同图 2.9 中，开始激发周边的区域。经过多次电场脉冲的作用，在 1895ms 的时候，只剩下了一个波，经过再一次的电场脉冲作用，整个介质再次被激发，波基本被去除。

远场激发的方法在实验中得到了实现，其实验操作方法也相对比较简单。如图 2.11 所示，对于真实心脏的实验，一般把两对正负电极分别放置于心脏的四周，通以直流电，远场刺激将以矩阵脉冲形式获得。图 2.12 是心房组织中，运用远场激发观察到的现象。我们看到加了电场之后，心房组织中的缺陷，也就是一些电导率不均匀区域慢慢开始被激发，如同图 2.10 数值模拟观察到的一样，最终整个心房组织都会被激发起来。

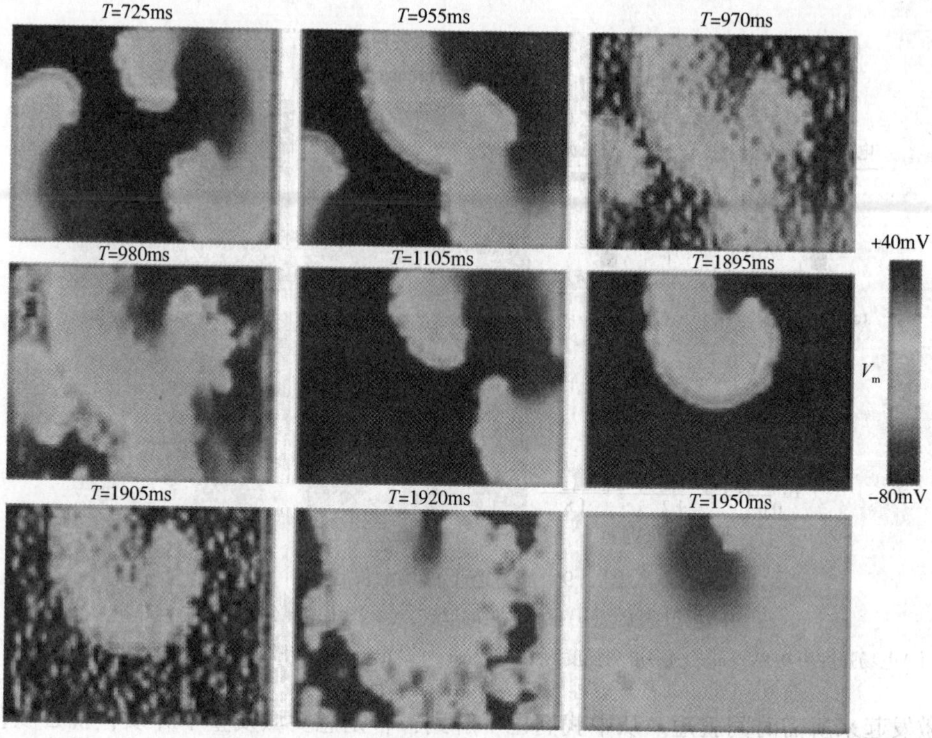


图 2.10　远场激发去除螺旋波湍流态

电场脉冲所加时间从 970ms 到 1905ms。期间，共加 8 个电场脉冲[103]

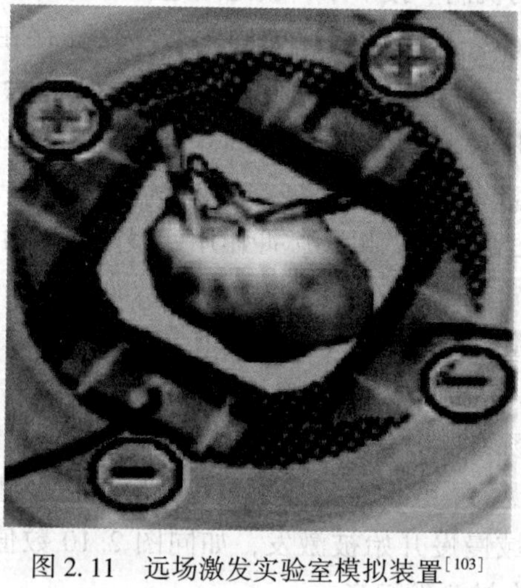

图 2.11　远场激发实验室模拟装置[103]

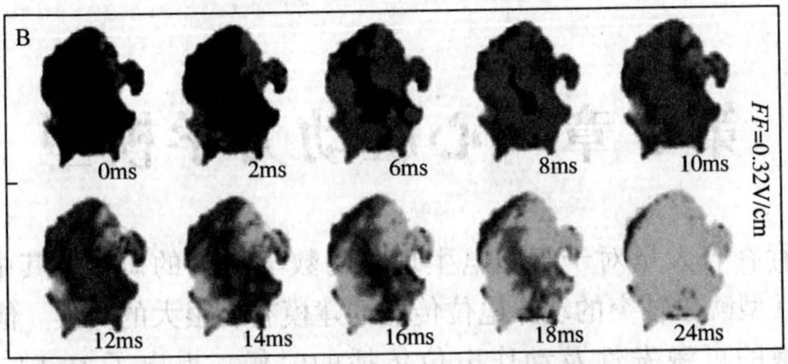


图 2.12　心房组织中远场激发的运用[103]

# 第3章 心脏动力学模型

20世纪存在着大量对于细胞电生理学的数学描述的研究，其中 Hodgkin 和 Huxley 对于巨型鱿鱼轴突的动作电位传播的建模有着很大的突破。他们在研究大乌贼神经细胞的可激发性及动作电位传播的时候，提出了 Hodgkin-Huxley 方程[117-121]。不仅用新建立的电压钳技术学习了不同的离子跨膜电流[122,123]，并且结合数学框架下的发现，搜集了关于电压、离子特性的足够数据，精确地验证实现了实验上所观察到动作电位传播。

本章节我们将讨论细胞的一些基本的生物物理属性以及心脏动力学的数学建模。我们首先将简单讨论可兴奋细胞的电路理论，得到单个细胞的电生理模型，然后我们简单介绍心脏动作电位，兴奋-收缩耦合，以及动作电位模型。随后推导得到 bi-domain 模型方程。然后由 bi-domain 模型方程出发，化简得到 mono-domain 模型方程。接着，阐述外电场对心脏组织的作用，虚拟电极的形成。最后结合相场法，研究电场作用下的反应扩散方程及边界条件的表达式。

## 3.1 可兴奋细胞的电路理论

细胞膜可表示为电容器，而其中的离子通道可表述为导体[124,125]，如图 3.1 所示。由于细胞膜可被看成一个电容器 $C_m$，所以在它的两个极板上(细胞膜的内部及外部膜)会有正负电荷的积累。我们把膜内电势 $v_i$ 及膜外电势 $v_e$ 之间的电势差称为膜电势，可以表示为 $V_m=v_i-v_e$。我们把通过电容器的电流定为 $I_C$，通过导体的电流定为 $I_{\text{ion}}$，然后根据基尔霍夫电流定律，则可得到 $I_C+I_{\text{ion}}=0$。对于电容器 $Q=C_mV_m$，所以 $I_C=\frac{\mathrm{d}Q}{\mathrm{d}t}=C_m\frac{\mathrm{d}V_m}{\mathrm{d}t}$，从而我们可以得到：

$$C_m=\frac{\mathrm{d}V_m}{\mathrm{d}t}=-I_{\text{ion}} \tag{3.1}$$

其中 $I_{\text{ion}}$ 是一个电流和，对于每一个电流来说，它都有 $I_x=g_x(V_m-V_x)$，$g_x$ 是每一个离子通道的电导率，$V_x$ 是指每一离子通道的逆转电势。如图 3.1 所示的离子通道之外，还有其他多种的离子存在。另外值得注意的是动作电位形成的非线性现象就是指电导率的变化。因此单个离子电导的动力学根据它们自身的动力学系统所进行建模，被称为 gating variables。一般来说，每一个电流项 $I_{\text{ion}}(V_m, y)$（$y$ 指的就是 gating variables，表征各种离子通道的电导）的特征活动都可以被一

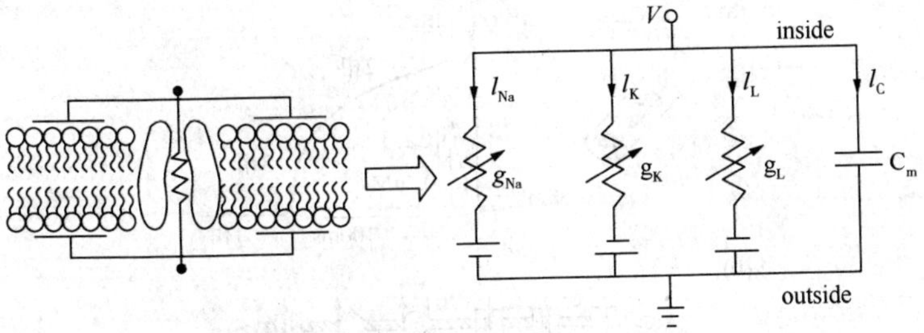


图 3.1　细胞膜的等效电路图[90]

系列的普通的微分方程所描述。其微分方程可写为

$$\frac{\mathrm{d}y}{\mathrm{d}t}=F(V_m,\ y) \tag{3.2}$$

式(3.1)和式(3.2)就是比较抽象的单个细胞的电生理模型。其中 $F(V_m,\ y)$ 函数的具体形式也取决于不同的模型。

## 3.2　心脏动作电位

与神经中的动作电位不同，心脏动作电位的持续时间更长，通常持续数百毫秒。图 3.2(a)显示了心室肌细胞的典型动作电位，其通常分为五个阶段，即 0 相至 4 相。0 相(去极化过程)是由电压依赖性 $Na^+$ 通道激活引起的动作电位的上升。钠离子顺电-化学梯度由膜外快速进入膜内，进一步使膜去极化、反极化，膜内电位由静息时的-90mV 急剧上升到+30mV。1 相早期复极化阶段，其中 $Na^+$ 通道快速失活，并且瞬时外向 $K^+$ 通道导致电压降低，之后它们反过来失活。心肌细胞膜电位在除极达到顶峰后，由原来的+30mV 迅速下降至 0mV，与 0 相除极构成了锋电位。2 相是平台阶段，其中 L 型 $Ca^{2+}$ 通道(LCC)被激活以对抗 $K^+$ 电流并保持动作电位平台。膜电位复极缓慢，电位接近于 0mV 水平，故成为平台期。平台期是心肌特有的时期。3 相是晚期复极化阶段，其中随着内部整流器 $K^+$ 通道重新打开，电压迅速返回到静息电位。膜内电位由 0mV 逐渐下降到-90mV，完成复极化过程。4 相是静息期(恢复期)，此期是膜复极化完毕后和膜电位恢复并稳定在-90mV 的时期。在心脏动作电位期间，许多不同类型(或子类型)的离子通道被激活，这在动作电位形态和动力学中起着不同的作用。图 3.2(b)是由 Zeng 等人开发的心室肌细胞动作电位模型中的离子电流和细胞内 $Ca^{2+}$ 循环的示意图。

心脏的功能是通过响应升高的细胞内 $Ca^{2+}$ 引起的心室节律性收缩而将血液泵送到整个身体。在动作电位期间，细胞内 $Ca^{2+}$ 浓度增加后又减少回静息状态[图 3.2(a)]。$Ca^{2+}$ 浓度的增加是由于允许 $Ca^{2+}$ 从细胞外空间进入的 LCC 开放引起的，这触发了

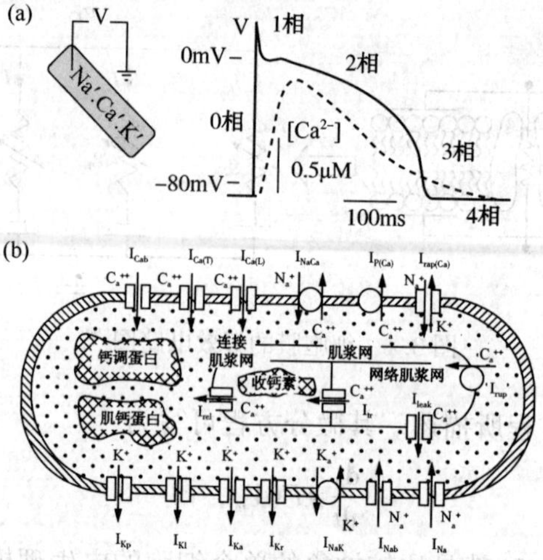

图 3.2　心脏动作电位

（a）电压曲线显示心室肌细胞的动作电位和全细胞 $Ca^{2+}$ 浓度的相应踪迹；

（b）由 Zeng 等人开发的心室肌细胞动作电位模型的示意图[90]

从位于肌质网（SR）内的内部 $Ca^{2+}$ 储存中释放额外的 $Ca^{2+}$。SR 中 $Ca^{2+}$ 释放是哺乳动物心肌细胞中 $Ca^{2+}$ 升高的主要成分。通过 LCC 引入的 $Ca^{2+}$，后面由 NCX 泵出，从而维持细胞中 $Ca^{2+}$ 的平衡。$Ca^{2+}$ 升高会增加 $Ca^{2+}$ 与收缩蛋白的结合并导致细胞缩短，从而产生收缩心脏的机械力。除了调节收缩，$Ca^{2+}$ 也是一个主要的信号分子，直接和间接地调节许多离子电流，从而影响行为电位特性。因此，细胞内 $Ca^{2+}$ 跟随电压变化，但 $Ca^{2+}$ 也影响电压，形成电压与 $Ca^{2+}$ 之间的反馈回路。换句话说，电压和 $Ca^{2+}$ 是双向耦合的。

## 3.3　心脏模型

对于二维心脏组织 bi-domain 模型，它直接从真实系统推导得到，能够更好地反映真实情形。但是 bi-domain 模型所需要的数值模拟及计算机的要求都相当的高。所以一般科研工作者及早期的一些科研工作中，都会简单使用二维心脏组织 mono-domian 模型来进行科研工作。以下我们将具体介绍 bi-domain 模型的推导，以及 bi-domain 模型到 mono-domian 模型的一些近似。

### 3.3.1　bi-domain 方程

由 3.1 节推导得到的单个细胞的电生理模型，我们可以进一步外推构建一个二维心脏组织的模型（bi-domain 模型）[126-130]。对于二维的 bi-domain 模型而言，心脏组织由两个叠在一起的不同且连续的区域组成，分别为细胞内（intracellular）

与细胞外(extracellular)的空间，而它们又被细胞膜分隔。对于心脏组织的各向异性的性能则由细胞内与细胞外的电导张量所描述。我们令细胞内与细胞外的膜电势分别为 $v_i$ 和 $v_e$，取多个细胞的平均电导张量，细胞内与细胞外分别为 $\sigma_i$ 和 $\sigma_e$。所以此时细胞内与细胞外的电流密度分别为 $j_i=-\sigma_i\ \nabla v_i$ 和 $j_e=-\sigma_e\ \nabla v_e$(因为 $j=\sigma E$，$E=-\nabla v$。我们假定在细胞组织中没有电荷积累，可以得到 $\frac{\partial q_i}{\partial t}=-\frac{\partial q_e}{\partial t}=:\ \frac{\partial q}{\partial t}$。所以单位体积内的电荷 $q$ 与膜电流 $i_{\text{ion}}$ 的关系可表示为：

$$
\begin{aligned}
&\nabla\cdot j_i+\frac{\partial q}{\partial t}=-i_{\text{ion}}\\
&\nabla\cdot j_e-\frac{\partial q}{\partial t}=i_{\text{ion}}
\end{aligned}
\tag{3.3}
$$

由于我们之前所提到的 $Q$ 和 $I_{\text{ion}}$ 都是单位面积的电荷和膜电流，所以我们要进行简单的转换，此时 $\frac{\partial q}{\partial t}=\beta\cdot\frac{\partial Q}{\partial t}$，$i_{\text{ion}}=\beta\cdot I_{\text{ion}}$，其中 $\beta$ 是一个单位面积与单位体积转换参数。因而式(3.3)也可表示为

$$
\begin{aligned}
&\nabla\cdot j_i+\beta\frac{\partial Q}{\partial t}=-\beta I_{\text{ion}}\\
&\nabla\cdot j_e-\beta\frac{\partial Q}{\partial t}=\beta I_{\text{ion}}
\end{aligned}
\tag{3.4}
$$

把 $j$ 代入，则可得到

$$
\begin{aligned}
&\nabla\cdot -\sigma_i\ \nabla v_i+\beta\frac{\partial Q}{\partial t}=-\beta I_{\text{ion}}\\
&\nabla\cdot -\sigma_e\ \nabla v_e-\beta\frac{\partial Q}{\partial t}=\beta I_{\text{ion}}
\end{aligned}
\tag{3.5}
$$

又因为 $\frac{\mathrm{d}Q}{\mathrm{d}t}=C_m\ \frac{\mathrm{d}V_m}{\mathrm{d}t}$，所以再次化简可得

$$
\left.
\begin{aligned}
&\nabla\cdot -\sigma_i\ \nabla v_i+\beta C_m\frac{\mathrm{d}V_m}{\mathrm{d}t}=-\beta I_{\text{ion}}\\
&\nabla\cdot -\sigma_e\ \nabla v_e-\beta C_m\frac{\mathrm{d}V_m}{\mathrm{d}t}=\beta I_{\text{ion}}
\end{aligned}
\right\} inD
\tag{3.6}
$$

式(3.6)就是在组织域 $D$ 范围内的 bi-domain 方程。

现在我们假设在组织域 $D$ 范围外是 mono-domain，其电导率为 $\sigma_o$，外电势为 $v_o$，则我们可以得到边界条件为

$$\left.\begin{aligned} n\cdot\sigma_i\,\nabla v_i=0 \\ v_e=v_o \\ n\cdot\sigma_e\,\nabla v_e=n\cdot\sigma_o\,\nabla v_o \end{aligned}\right\} on\partial D \tag{3.7}$$

其中式(3.7)中第一式是零流边界条件，也就是说细胞内的电流都无法通过组织边界。式(3.7)的第二式与第三式细胞外的电势电流与组织外的电势电流在交界面是连续的。

在我们实际的计算过程中，bi-domain 方程一般把上式(3.6)化简如下：

$$\left.\begin{aligned} C_m\frac{\partial V_m}{\partial t}=\frac{1}{\beta}\nabla\cdot\sigma_i\,\nabla(V_m+v_e)-I_{\text{ion}}(V_m,\ y) \\ \frac{\partial y}{\partial t}=F(V_m,\ y). \\ \nabla\cdot(\sigma_e+\sigma_i)\nabla v_e=-\nabla\cdot\sigma_i\,\nabla V_m \end{aligned}\right\} inD \tag{3.8}$$

边界条件式(3.7)化简如下：

$$\left.\begin{aligned} n\cdot\sigma_i\,\nabla(V_m+v_e)=0 \\ v_e=v_o \\ n\cdot\sigma_e\,\nabla v_e=n\cdot\sigma_o\,\nabla v_o \end{aligned}\right\} on\partial D \tag{3.9}$$

### 3.3.2 mono-domain 方程

由于 bi-domain 模型所需要的数值模拟及计算机的要求都相当的高，所以简化后的 mono-domain 模型被广泛使用[131-133]。而 mono-domain 模型与 bi-domain 模型有着密切的联系，也可以说 mono-domain 模型就是由 bi-domain 模型在特殊情况下简化而成。接下来，我们将讨论在某一物理变量改变后，由 bi-domain 模型导出的 mono-domain 模型。

首先我们可以假设 $\alpha\gg1$，$\sigma_e=\alpha\sigma_e^*$。这样一个假设下，心脏组织可以认为非常接近神经电缆方程。如果在 $\alpha\rightarrow\infty$ 这样的极限情况下，则方程(3.8)中第三式可以化简为$\nabla\cdot\sigma_e^*\ \nabla v_e=0$。也就是说当 $\alpha$ 趋于无穷大的时候，细胞外的电势可以忽略不计，可以认为其解为 $v_e=-E\cdot x+c$，$\sigma_e^*$ 是一个空间常数。如果进一步假设这个细胞外空间是绝缘 $n\cdot\sigma_e^*\ \nabla v_e=0$ 或者接地 $v_e=0$，则其解为 $v_e=c$ 或者 $v_e\equiv0$。但是，方程(3.8)中的第一式仍旧是成立的，而此时我们也可以得到 mono-domain 方程

$$\frac{\partial V_m}{\partial t}=\nabla\cdot D\,\nabla(V_m+v_e)-\frac{I_{\text{ion}}}{C_m}\quad inD \tag{3.10}$$

其中，$D=\dfrac{\sigma_i}{(\beta C_m)}$，是指扩散系数。边界条件此时为

$$n \cdot D\nabla(V_m+v_e)=0 \qquad on\partial D \tag{3.11}$$

此时 $v_e$ 只是象征性的表示，通过上述描述，我们可以简单认为其数值为零。至此，这就是一种从 bi-domain 方程，化简得到 mono-domain 方程的假设。

下面我们将介绍另一种假设。我们需假设细胞内与细胞外的电导张量具有如下线性关系：$\sigma_e=\alpha\sigma_i$。所以此时的 bi-domain 方程式(3.6)第二式的左边可如下化简：

$$\nabla \cdot -\alpha\sigma_i \nabla(v_i-V_m)-\beta C_m \frac{\mathrm{d}V_m}{\mathrm{d}t}=-\nabla \cdot \alpha\sigma_i \nabla v_i+\nabla \cdot \alpha\sigma_i \nabla V_m-\beta C_m \frac{\mathrm{d}V_m}{\mathrm{d}t}$$

把式(3.6)第一式代入化简可得：

$$-\alpha\left(\beta C_m \frac{\mathrm{d}V_m}{\mathrm{d}t}+\beta I_{\text{ion}}\right)+\nabla \cdot \alpha\sigma_i \nabla V_m-\beta C_m \frac{\mathrm{d}V_m}{\mathrm{d}t}=\beta I_{\text{ion}}$$

$$\nabla \cdot \alpha\sigma_i \nabla V_m=(1+\alpha)\left(\beta C_m \frac{\mathrm{d}V_m}{\mathrm{d}t}+\beta I_{\text{ion}}\right)$$

再次化解之后即可得

$$\nabla \cdot \sigma_i \nabla V_m=(1+\alpha^{-1})\beta\left(C_m \frac{\mathrm{d}V_m}{\mathrm{d}t}+I_{\text{ion}}\right)$$

经过进一步的排列整理可得 mono-domain 方程：

$$\left.\begin{aligned}\frac{\mathrm{d}V_m}{\mathrm{d}t}&=\nabla \cdot D\nabla V_m-\frac{I_{\text{ion}}(V_m,\ y)}{C_m}\\ \frac{\partial y}{\partial t}&=F(V_m,\ y)\end{aligned}\right\} inD \tag{3.12}$$

其中，$D=\dfrac{\sigma_i}{[\beta C_{m,}(1+\alpha^{-1})]}$，是指扩散系数。

边界条件为

$$n \cdot D\nabla(V_m+v_e)=0 \quad on\partial D$$

或者

$$n \cdot \sigma_e \nabla V_m=-n \cdot \sigma_o \nabla v_o \quad on\partial D \tag{3.13}$$

对于式(3.13)，可由如下推导可得。因为 $\sigma_e=\alpha\sigma_i$，所以式(3.7)的第一式可写为

$$n \cdot \frac{1}{\alpha}\sigma_e \nabla(V_m+v_e)=n \cdot \frac{1}{\alpha}\sigma_e \nabla V_m+n \cdot \frac{1}{\alpha}\sigma_e \nabla v_e=0$$

把式(3.7)的第三式代入

$$n \cdot \frac{1}{\alpha}\sigma_e \nabla V_m+\frac{1}{\alpha}n \cdot \sigma_o \nabla v_o=0$$

最后重新排列整理得到式(3.13)。

如果此时 $\alpha \to \infty$ 的时候，此时的扩散系数就等同于式(3.10)中的扩散系数。同样的，其实对于式(3.10)中 $v_e$ 可被忽略的同时，$\sigma_e^*$ 也是与 $\sigma_i$ 具有扩展比例的关系，则 $\nabla \cdot \sigma_e^* \nabla v_e = 0$ 可化为 $\nabla \cdot D \nabla v_e = 0$。对于式(3.10)与式(3.12)来说，两者可以认为是等效的。而在我们的数值模拟过程中，为了更加方便，我们一般会采用简单的零流边界条件，如下

$$n \cdot D \nabla V_m = 0 \quad on \partial D$$

该式在我们目前的数值模拟中经常应用，但是它缺少系统的物理意义，也就是成立的前提是排除边界条件的任何影响。在某些情况下，这样的零流边界条件也是合理的，比如细胞外空间在组织边界是电绝缘的情况。但是在我们本书的研究中，我们主要研究的就是组织边界的影响，所以在本书中，我们做了 $\alpha$ 及组织外电导率 $\sigma_o$ 很大这样的假设来合理化。因此，一个细胞外或者组织外电势(比如一个匀强电场)可以被假设，从而使得可以直接从方程(3.9)推导得到边界条件式(3.13)，而式(3.13)在下文中也将被提到，它可以被用来学习外电场作用下，组织边界受到的影响。

## 3.4 边界问题

对于边界问题，一般我们可以采用有限差分法。有限差分法，主要通过定义边界外附加的格点来解决这个问题。有限差分方法(finite difference method)是计算机数值模拟最早采用的方法，至今仍被广泛运用。有限差分方法具有简单、灵活以及通用性强等特点，容易在计算机上实现。

但是有些模型的形状比较复杂。例如孤立的心脏模型，它的形状是不规则的，并且要满足零流边界条件。这个时候采用有限差分法对于同一个格点可能被多次赋值，这个格点上的值取决于最后更新了哪个邻近格点，而随着时间的变化，不同形状边界下的格点可能要通过不同的算法来确定。所以对于一般形状不规则的模型要在其边界上实现零流条件，我们可以采用相场法，其最大的优点在于能自动处理复杂几何结构中的边界问题。下面我们对这两种方法进行详细的说明。

### 3.4.1 有限差分方法

有限差分方法将求解域划分为差分网格，用有限个网格节点代替连续的求解域，将函数的定义域分成大量相邻而又不重合的子区域。用规则的分割方式可以便于计算机自动实现和减少计算的复杂性。网络线划分的交点称为节点，用有限个网格节点来代替连续的求解域。有限差分法以泰勒(Taylor)级数展开等方法，把控制方程中的导数用网格节点上的函数值的差商代替进行离散，从

而建立以网格节点上的值为未知数的代数方程组。然后来求解这个差分方程组，求解的关键就是要应用适当的计算方法，求得特定问题在所有这些节点上的离散近似值。

一个函数在某点 $x$ 上的一阶和二阶微商，可以近似地用它所临近的两点上的函数值的差分来表示。如对一个单变量函数 $f(x)$，$x$ 为定义在区间$[a, b]$的连续变量。以步长 $\Delta x$ 将$[a, b]$区间离散化，我们得到一系列节点 $x_1=a$，$x_2=x_1+\Delta x$，$x_3=x_2+\Delta x=x_1+2\Delta x$，到最后 $x_{n+1}=x_n+\Delta x=b$，然后求出 $f(x)$ 在这些点上的近似值。显然步长 $\Delta x$ 越小，近似解的精度就越好。与节点 $x_i$ 相邻的节点有 $x_i-\Delta x$ 和 $x_i+\Delta x$，因此在点 $x_i$ 可以构造如下形式的差值：

$f(x_i+\Delta x)-f(x_i)$　节点的一阶向前差分

$f(x_i)-f(x_i-\Delta x)$　节点的一阶向后差分

$f(x_i+\Delta x)-f(x_i-\Delta x)$　节点的一阶中心差分

运用泰勒展开，并忽略 $\Delta x$ 的平方和更高阶的项就得到：

$$\begin{aligned} f(x_i+\Delta x)&=f(x_i)+\Delta x f'(x_i) \\ f(x_i-\Delta x)&=f(x_i)-\Delta x f'(x_i) \end{aligned} \tag{3.14}$$

于是相应的一阶微分的向前、向后、中心差商分别为：

$$f'(x_i)=\frac{f(x_i+\Delta x)-f(x_i)}{\Delta x}$$

$$f'(x_i)=\frac{f(x_i)-(x_i-\Delta x)}{\Delta x}$$

$$f'(x_i)=\frac{f(x_i+\Delta x)-f(x_i-\Delta x)}{2\Delta x}$$

从而得到二阶微分的中心差商表示：

$$f''(x_i)=\frac{f(x_i+\Delta x)+f(x_i-\Delta x)-2f(x_i)}{(\Delta x)^2} \tag{3.15}$$

这样我们就构造出了微分方程的差分格式。当然构造差分格式时，究竟是选择向前，向后还是中间差分或差商来代替微分方程的微分或者微商，应该根据由此得到的差分方程解的稳定性和收敛性来考虑。网格的步长 $\Delta x$ 也得根据实际地形的情况和柯朗稳定条件来决定。

### 3.4.2　相场法

所谓相场法，就是一种通过引入一个辅助的场来解决边界问题的数学模型。在使用相场法解决零流边界问题时(边界可以是不规则的)，我们引入一个辅助的场 $\phi$，设想一个封闭的区域，我们让在边界里面和外面的 $\phi$ 各取不同的值，在连接内外宽度很小的边界面上 $\phi$ 平滑地变化。通常，可以简单地在边界内部取 $\phi$

=1，在边界外部取 $\phi=0$。

在相场法的各种平滑方法中，已经证明交界面上相场的具体形式并不是算法成功的关键所在。我们用松弛法来平滑相场的取值，$\phi$ 的值由下式决定：

$$\frac{\partial\phi}{\partial t}=\xi^2\ \nabla^2\phi-\frac{\partial G(\phi)}{\partial\phi} \tag{3.16}$$

其中，$\xi$ 是控制边界宽度的常量，$G(\phi)$ 是一个双势阱函数，它的标准形式为

$$G(\phi)=-\frac{(2\phi-1)^2}{4}+\frac{(2\phi-1)^4}{8} \tag{3.17}$$

在 $\phi=1$ 和 $\phi=0$ 的时候 $G(\phi)$ 取最小值。由此，在边界的内部和外部 $\phi$ 值固定为 1 和 0，在里外交界处平滑地从 1 变为 0。

在数值模拟时我们对式(3.16)进行离散化，因为在满足 $\frac{(\mathrm{d}x)^2}{\mathrm{d}t}\geqslant 4$ 时偏微分方程(3.16)才有稳定解，所以在空间步长确定时，时间步长 $\mathrm{d}t$ 的取值存在限制条件。选定合适的时间步长，使方程不断迭代，直至 $\phi$ 值在边界上呈一条平滑稳定不变的曲线。在具体的应用中，为了节省计算，我们只需让 $\phi$ 在某一时刻内的最大变化小于某一小量(设为 $\Delta$)的时候即停止迭代，我们认为此时边界上的 $\phi$ 已经足够平滑稳定。

我们采用一个反应扩散方程对相场法进行检测，其方程如下：

$$\partial_t u=\nabla(D\ \nabla u)+f(u,\ t) \tag{3.18}$$

其中，$u$ 定义在区域 $\Omega$ 上的函数，$D$ 是扩散系数，$f(u,\ t)$ 代表系统的动力学函数。

而 $u$ 在边界上满足零流边界条件：

$$\vec{n}\cdot D\ \nabla u=0 \tag{3.19}$$

相对于直接离散方程(3.18)，相场法考虑下列附属问题

$$\partial_t(\phi^{(\xi)}u^{(\xi)})=\nabla(\phi^{(\xi)}D\ \nabla u^{(\xi)})+\phi^{(\xi)}f(u,\ t) \tag{3.20}$$

其中，$u^{(\xi)}$ 定义在区域 $\Omega'$ 上，$\Omega'$ 封闭且规则，并且满足下列条件：(1) $\Omega\subset\Omega'$ (2) $\partial\Omega\cap\partial\Omega'=\emptyset$。也即是新的区域必须覆盖原有区域，同时两者的边界不重叠。$\phi^{(\xi)}$ 是 $\Omega'$ 里的连续函数，在区域 $\Omega$ 里其值为 1，在 $\Omega$ 外的区域平滑地减小为 0，$\xi$ 可以控制衰减区域的宽度。

如果定义一个特征函数 $\chi_\Omega$

$$\chi_\Omega=\begin{cases}1 & \chi\in\Omega\\ 0, & \chi\in\Omega'-\Omega\end{cases} \tag{3.21}$$

则

$$\lim_{\xi\to 0}\phi^{(\xi)}=\chi_\Omega \tag{3.22}$$

所以相场法的主要思想就是当 $\xi\to 0$ 时，方程(3.20)的解 $u^{(\xi)}$，无论它定义的

区域 $\Omega'$ 是什么样的，也无论在 $\partial\Omega'$ 上它有什么样的边界条件，这时都满足 $u^{(\xi)}\to u$。相场法的主要优点首先在于它能自动处理复杂几何结构中的边界问题，也就是不论边界是否规则，都可以得到相对准确的解。相场法的另一个优点是它能处理移动的边界。使用相场法进行数值模拟时，只要控制边界面宽度的系数 $\xi\to 0$，附加了辅助场的反应扩散方程就自动包含了零流边界条件。现实中很多模型的边界都是不规则的，对相场法的总结有助于我们更方便和准确地处理不规则的模型边界。

### 3.4.3 极坐标下有限差分的应用

本书中第四章的数值模拟都是在极坐标下进行的，其讨论边界条件的时候采用了有限差分法。彼时讨论的边界是个规则的圆形边界。也就是说差分分解的区域是圆形域。

以下我们以求解 Barkley 模型的微分方程为例，对于其动力学方程 $\frac{\partial u}{\partial t}=\nabla^2 u+f(u,\ v)$，含有拉普拉斯算符的扩散项 $\nabla^2 u$（二维泊松方程）在极坐标下可以写成：

$$\nabla^2 u=\frac{\partial^2 u}{\partial r^2}+\frac{1}{r}\frac{\partial u}{\partial r}+\frac{1}{r^2}\frac{\partial^2 u}{\partial \phi^2} \tag{3.23}$$

用等角线和等距同心圆分割区域，将半径 $N-1$ 等分，圆周 $M-1$ 等分，于是不考虑圆心处的有限差分如图 3.3 所示。

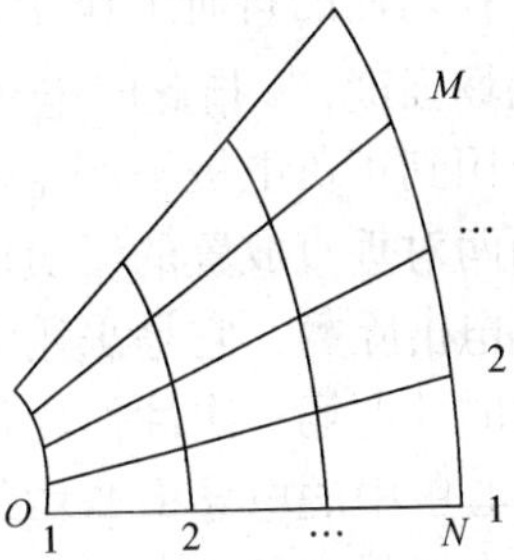


图 3.3　极坐标下使用有限差分的区域划分（局部图）

即有

$$\begin{cases}\Delta r=h=\dfrac{R}{N-1} \\ \Delta\phi=\dfrac{2\pi}{M-1}\end{cases}\quad (0<r<R,\ 0\leqslant\phi\leqslant 2\pi) \tag{3.24}$$

因此网格节点坐标

$$\begin{cases}r_i=(i-1)h & (i=1,\ 2,\ \cdots,\ N) \\ \phi_i=(j-1)\Delta\phi & (j=1,\ 2,\ \cdots,\ M)\end{cases} \tag{3.25}$$

略去二次高阶，采用中心差商代替微商，最终可以得到泊松方程的 $\nabla^2 u$ 的差分格式为

$$h^2\quad \nabla^2 u=\alpha_0(u_{i,j-1}+u_{i,j+1})+\alpha_1 u_{i-1,j}+\alpha_2 u_{i+1,j}-2(1+\alpha_0)u_{ij} \tag{3.26}$$

其中，$\alpha_0=\dfrac{1}{[\Delta\phi(i-1)]^2}$，$\alpha_1=1-\dfrac{1}{2(i-1)}$，$\alpha_2=1+\dfrac{1}{2(i-1)}$

运用向前偏差则$\left.\frac{\partial u}{\partial t}\right|_t=\frac{u_{ij}{}^{(t+\Delta t)}-u_{ij}{}^{(t)}}{\Delta t}$，其中时间步长 $\Delta t$ 与空间步长 $\Delta r$ 在保持迭代稳定(模拟数据不溢出)的前提下可以合理地赋值。从而将求解 Barkley 模型的微分方程近似用下面的代数方程进行求解：

$$\frac{u_{ij}{}^{(t+\Delta t)}-u_{ij}{}^{(t)}}{\Delta t}=\frac{1}{h^2}[\alpha_0(u_{i,j-1}+u_{i,j+1})+\alpha_1 u_{i-1,j}+\alpha_2 u_{i+1,j}-2(1+\alpha_0)u_{ij}]+f(u_{ij},\ v_{ij})$$

$$\frac{v_{ij}{}^{(t+\Delta t)}-v_{ij}{}^{(t)}}{\Delta t}=\frac{D_v}{h^2}[\alpha_0(v_{i,j-1}+v_{i,j+1})+\alpha_1 v_{i-1,j}+\alpha_2 v_{i+1,j}-2(1+\alpha_0)v_{ij}]+g(u_{ij},\ v_{ij})$$

(3.27)

其中对应于心脏组织 $D_v$ 取数值 0，$f(u,\ v)$、$g(u,\ v)$ 在具体位置网络节点 $ij$ 处，都有具体的值。

## 3.5 外电场作用

考虑外电场作用，首先我们假设 3.3.1 节中提到的组织外的外电场是一个均匀分布的电场，其外电势可表示为

$$v_o=-E\cdot x \tag{3.28}$$

在以往的科研工作中，人们一般采用的外电场是匀强电场，即 $E=E_0\hat{x}$，$E_0$ 指电场强度，$\hat{x}$ 指此时电场方向是沿着 $x$ 轴方向。在实验上，人们一般采用直流电作用到正负电极来产生匀强电场，可以使用一对正负电极通以直流电，也可以采用两对垂直放置的正负电极通以直流电。

电击除颤，它是采用大电击的方式来重置了整个的心脏电活动，也就是强度很大的外电场一次性作用强制改变。远场激发时，我们提到一个低电压电场，会使得心脏中的电导率非均匀区域或者异构介质(缺陷)产生去极化和超极化效应。如果电场强度足够大，这些缺陷可激发同步整个心脏组织，从而达到和电击除颤一样重置心脏电活动的结果。所以外电场是如何影响心脏的问题，一直是人们研究的热点问题，因为这也是治疗心律失常最重要的原理。早在 1951 年，Weidmann 等人就研究了电流对心肌细胞膜电势的影响，即当电流通过心肌细胞时，其膜电势将发生改变，重新分布。随后在 1989 年，Sepulveda 等人进一步研究了电流通过一个二维的各向异性的 bi-domain 模型的情况。他们提出如果当细胞内与细胞外空间各向异性比不同的时候，就会产生一个跨膜电势，从而产生复杂的空间分布，即去极化与超极化现象。之后，更多的研究工作者投入到这个研究中作，也把这种电流通过后，膜电势重新分布的各向异性区域称为虚拟电极。

### 3.5.1 虚拟电极

如今，虚拟电极已经成为了电场作用对心脏组织产生影响的一个普遍术语，

更多的研究发现，它可以由细胞内外各向异性区域[134]、肌纤维曲率、纤维收缩、细胞内空间分布的不均匀性、交界处的不连续[135]、细胞间的裂缝等等所产生。也就是说，任意几何形状的非均匀介质(缺陷)，当电流通过细胞组织，其膜电势重新分布，产生去极化和超极化现象，都能形成一个虚拟电极。

我们可以用心脏组织的电路原理来帮助理解虚拟电极的概念[136]。首先对于细胞膜来说，它可以被看成是一个电容，而那些离子通道可被看成可变电阻，如图 3.4 所示。

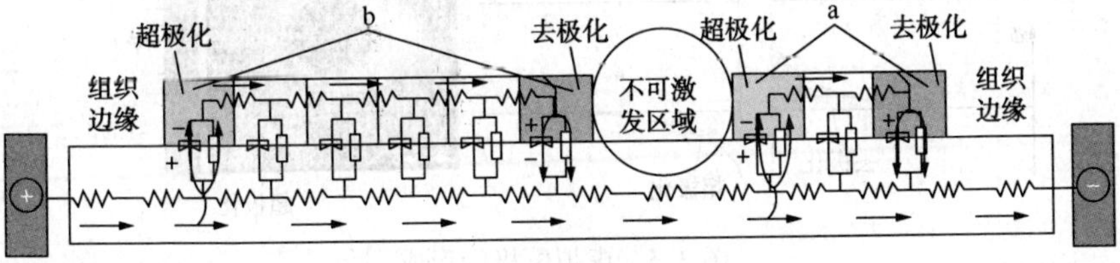


图 3.4　心脏组织的电路图表示

如果加以电场作用，则电流一方面在细胞外流动，一方面会流入到组织内部，此时由于细胞膜是一个电容，所以此时就会形成一个跨膜电势，而当遇到缺陷的时候，电流无法通过，所以又流向细胞外，导致跨膜电势的产生；而缺陷另一边，电流又再次流入，也会形成一个跨膜电势，从而在缺陷的周边及组织边缘都会使得膜电势进行了重新分布。如图 a 区域为去极化区域，b 区域为超极化区域，我们主要研究缺陷，此时缺陷就可被认为是一个虚拟电极，如果电场强度足够大，其去极化区域就会激发出波。

为了更清楚直观地了解虚拟电极，数值模拟中，我们考虑一个强度很小的匀强电场的作用，并且考虑没有其他波的干扰的静息态。如图 3.5(a)所示，图中的虚线标示出了细胞外(extracellular)与细胞内(intracellular)，点线标示出了由于细胞内裂(缺陷)，而使得细胞内变得不连续。在施加一个匀强电场之后，其电场方向如图黑色箭头所示为从左往右所示，细胞内裂(缺陷)就会受到外电场的影响而形成虚拟电极，其缺陷也就是图 3.5(b)中间的圆形缺陷，此时缺陷就如同一个虚拟电极，此时电场强度足够小，因而可以清晰地看到去极化与超极化现象，如果电场强度足够大，去极化区域就会激发产生波。

具体来说，外电场作用下如图 3.5(a)所示，当外电流穿过细胞组织在含有缺陷的细胞内流动的时候，它没有办法通过细胞的不连续区域即缺陷的边界，因而电流只能由细胞内流向细胞外，如图 3.5(a)图中左边的黑色箭头所示。一旦电流的流出，就会导致该处膜电势增加。由于细胞内外的电流总是守恒的，所以在缺陷的另一边，电流又会重新流向细胞内，从而又会导致该处的膜电势减小。也就说，在外电场的作用下，使得缺陷周边的膜电势得到了重新分布，因而就会形成如图 3.5(b)所示的图像。去极化现象可通过向膜外的电流流动产生，使得膜电位由内负外正转为内正外负的状态，因而缺陷左半边为去极化现象，此时膜电势增加，从而相对应的缺陷右半边就是超极化现象，膜电势减小，也就是说此时的缺陷就是一个虚拟电极。

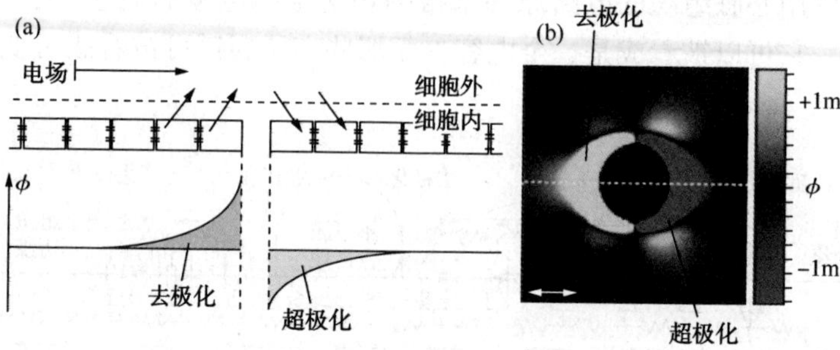


图 3.5　虚拟电极的形成

(a)细胞膜内外电势变化。$\phi$ 指的是膜电势。黑色的斜箭头分别指的是向外与向内的跨膜电流。(b)缺陷(细胞内裂形成)周边的膜电势分布。(b)图中的白色水平虚线定性地对应于(a)图中的膜电势剖面[136]，并对其做了必要修改

## 3.5.2　方程及边界条件

由以上介绍，我们知道外电场的作用下，在缺陷附近会产生去极化与超极化现象，也就是说在缺陷边界处会产生影响。对于心脏组织，它的解剖形状虽然是不规则的，但都满足零流边界条件。对于这样的不规则形状的零流边界条件，就难以运用我们常用的有限差分及有限元方法。因而，在这里我们采用的是相场法，它可以在任意形状的边界上实现零流边界条件，能处理各种复杂几何边界中的零流边界问题。接下来研究电场作用下，数值模拟对于 mono-domain 方程及边界条件的修正也都是基于相场法而言[137-139]。

相场法是一种通过引入一个辅助的场 $\phi$ 来解决边界问题的数学模型。设想一个封闭的区域，边界内外的 $\phi$ 各取不同的值，使得在连接内外宽度很小的边界面上平滑地变化。一般情况下，我们选取边界内为 1，边界外为 0，在边界面上让 $\phi$ 以光滑的曲线从 0 到 1 变化。我们采用松弛法(relaxation method)来平滑相场的取值，$\phi$ 的值由下式决定：

$$\frac{\partial\phi}{\partial t}=\xi^2\nabla^2\phi-\frac{\partial G(\phi)}{\partial\phi} \tag{3.29}$$

其中，$\xi$ 是控制边界宽度的常量，$G(\phi)$是一个双势阱函数，它的标准形式为

$$G(\phi)=-\frac{(2\phi-1)^2}{4}+\frac{(2\phi-1)^4}{8} \tag{3.30}$$

在 $\phi$ 取 0 和 1 的时候，$G(\phi)$取最小值，所以可以使里外交界处的 $\phi$ 值平滑

地从 0 变为 1。

下面我们将相场法应用到我们推导得到的 mono-domain 模型的反应扩散方程(3.11)当中，也就是说在原有的反应扩散方程中，引入一个相场 $\phi$。因而式(3.11)的第一式经过修正后为

$$\frac{\mathrm{d}V_m}{\mathrm{d}t}=\frac{1}{\phi}\nabla\cdot(\phi D\,\nabla V_m)-\frac{I_{\text{ion}}(V_m,\ y)}{C_m} \tag{3.31}$$

式(3.31)右边可以化简如下

$$\begin{aligned}\frac{\mathrm{d}V_m}{\mathrm{d}t}&=\frac{1}{\phi}\nabla\cdot(\phi D\,\nabla V_m)-\frac{I_{\text{ion}}(V_m,\ y)}{C_m}\\&=\frac{1}{\phi}\phi\,\nabla\cdot(D\,\nabla V_m)+\frac{1}{\phi}(\nabla\phi)\cdot(D\,\nabla V_m)-\frac{I_{\text{ion}}(V_m,\ y)}{C_m}\\&=\nabla\cdot(D\,\nabla V_m)+\nabla(\ln\phi)\cdot(D\,\nabla V_m)-\frac{I_{\text{ion}}(V_m,\ y)}{C_m}\end{aligned} \tag{3.32}$$

在引入了相场之后，我们开始考虑外电场作用下的影响。外电场可由(3.28)转换得到

$$E=-\nabla v_o \tag{3.33}$$

此时反应扩散方程在电场作用下的表达式可写为

$$\begin{aligned}\frac{\mathrm{d}V_m}{\mathrm{d}t}&=\nabla\cdot(D\,\nabla V_m)+\nabla(\ln\phi)\cdot(D(\nabla V_m-E))-\frac{I_{\text{ion}}(V_m,\ y)}{C_m}\\&=\nabla\cdot(D\,\nabla V_m)+\nabla(\ln\phi)\cdot(D\,\nabla V_m)-\nabla(\ln\phi)\cdot(DE)-\frac{I_{\text{ion}}(V_m,\ y)}{C_m}\end{aligned} \tag{3.34}$$

如若我们考虑各向同性组织，则扩散系数 $D$ 为一个标量，可以简单表示为 $D$，所以此时式(3.34)可以简单表示为

$$\frac{\mathrm{d}V_m}{\mathrm{d}t}=D\,\nabla\cdot(\nabla V_m)+D\,\nabla(\ln\phi)\cdot(\nabla V_m)-D\,\nabla(\ln\phi)\cdot E-\frac{I_{\text{ion}}(V_m,\ y)}{C_m} \tag{3.35}$$

另外对于边界条件，因为 $E=-\nabla v_o$，所以此时式(3.13)可以进行转换为

$$n\cdot\sigma_e\,\nabla V_m=n\cdot\sigma_o E\quad on\partial D$$

进一步转换可得

$$n\cdot\nabla V_m=n\cdot\frac{\sigma_o}{\sigma_e}E\quad on\partial D$$

在上式中，我们可以看到$\frac{\sigma_o}{\sigma_e}$的作用主要是来调节电场的大小，因此为了方便计算，我们可将其省略，所以最终我们可以得到此时的边界条件

$$n\cdot\nabla V_m=n\cdot E\quad on\partial D$$

也就是

$$n\cdot(\nabla V_m-E)=0\quad on\partial D \tag{3.36}$$

若此时电场为匀强电场，则式(3.35)及式(3.36)可以简单标示为

$$\frac{\mathrm{d}V_m}{\mathrm{d}t}=D\nabla\cdot(\nabla V_m)+D\nabla(\ln\phi)\cdot(\nabla V_m)-D\nabla(\ln\phi)\cdot E_0\hat{x}-\frac{I_{\mathrm{ion}}(V_m,\ y)}{C_m}$$

$$n\cdot(\nabla V_m-E_0\hat{x})=0\quad on\partial D$$

在数值模拟过程中，为了操作方便，我们一般也会在极坐标进行计算。在mono-domain模型中，匀强电场作用之后，其造成的影响可以体现在零流边界条件上，此时零流边界条件可以表示为

$$\nabla(E+E_0\cdot r)\cdot n=0 \tag{3.37}$$

或者也可以写成$\nabla(e+E_0\cdot r)\cdot n=0$，对数值模拟结果不产生影响，其中$n$为缺陷边界的法向方向，$e=E-E_r$为相对膜电势差，$E$为膜电势，$E_r$为静息态下的膜电势，$E_0=E_0\hat{x}$指所加电场，$r$为边界上某一点。如果对应于一个半径为$R$的圆形缺陷，则在极坐标$(\rho,\ \theta)$下，零流边界条件可以表示

$$\begin{aligned}\nabla(E+E_0\cdot r)\cdot n&=\left(\frac{\partial}{\partial r}\hat{r}+\frac{\partial}{r\partial\theta}\hat{\theta}\right)(E+E_0\hat{x}\cdot r)\cdot n\\&=\frac{\partial}{\partial r}\hat{r}(E+E_0\hat{x}\cdot r)\cdot n=\frac{\partial}{\partial r}(E+E_0r\cos\theta)=\frac{\partial}{\partial r}E+E_0\cos\theta\end{aligned}$$

即

$$\partial_rE(R,\ \theta)+E_0\cos\theta=0$$

或者也可以写成

$$\partial_re(R,\ \theta)+E_0\cos\theta=0 \tag{3.38}$$

### 3.5.3 圆极化电场

首先我们了解下极化电场。极化电场$E=(E_x,\ E_y)$是分别由沿着$x$轴和$y$轴的两个相同频率的交变电场$E_x$和$E_y$相互叠加而形成。

$$E_x=E_0\cos(\omega_et+\phi_1)$$

$$E_y=E_0\cos(\omega_et+\phi_2)$$

其初始相位之差$\phi=\phi_2-\phi_1$决定了极化电场的具体模式。初始相位差为$\phi=0$或$\phi=\pi$的时候会形成线极化电场；初始相位差为$\phi=\frac{\pi}{4}$，$\phi=\frac{3\pi}{4}$，$\phi=5\frac{\pi}{4}$或$\phi=7\frac{\pi}{4}$的时候会形成椭圆极化电场；初始相位差为$\phi=\frac{\pi}{2}$或$\phi=\frac{3\pi}{2}$的时候会形成圆极化电场，具体如图3.6所示。本书所做的研究都是基于$\phi=\frac{3\pi}{2}$下所形成的逆时

针旋转的圆极化电场，如图 3.6(g)所示。

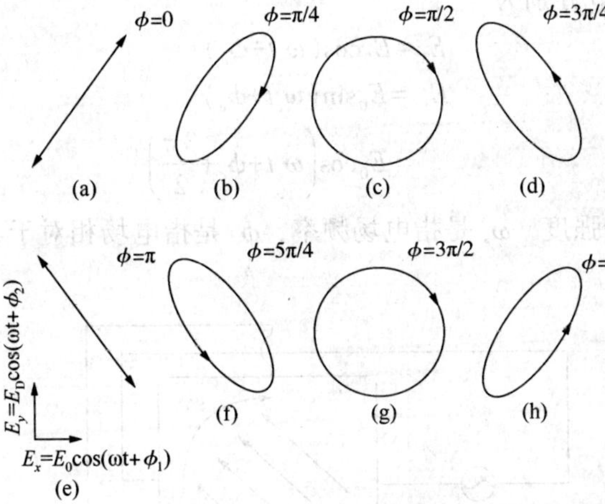


图 3.6　极化电场的形成

不同相位差将会形成不同的极化电场[29]

对于匀强电场，实验中的装备一般把两对正负电极分别放置于心脏的四周，再通以直流电即可获得。而此时想要获得圆极化电场，可以在同样的实验装备下，改变直流电，换以交流电即可。类似的实验装备，2013 年欧阳颀教授的研究小组也在 BZ 反应中加以实现，获得了实验所需的圆极化电场，具体装置如图 3.7 所示[140]。

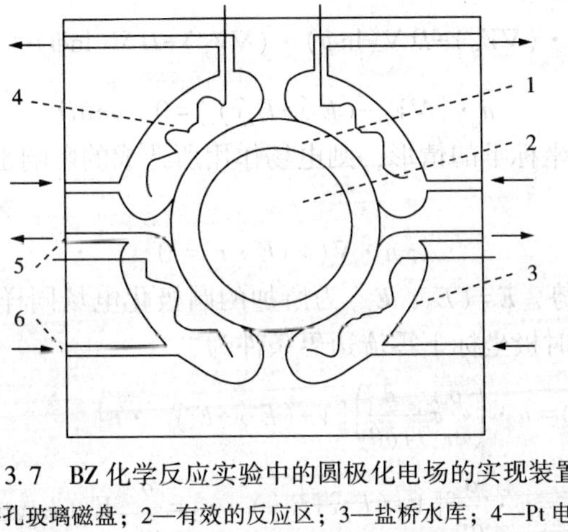


图 3.7　BZ 化学反应实验中的圆极化电场的实现装置

1—多孔玻璃磁盘；2—有效的反应区；3—盐桥水库；4—Pt 电极；

5—饱和 $K_2SO_4$ 溶液的出口；6—饱和 $K_2SO_4$ 溶液的入口[140]

基于以上实验装置，我们也可以把它简易为如图 3.8 所示来理解。两对相互垂直的电极板，加以两同频率交流电场，其初始相位之差为 $\phi=\frac{3\pi}{2}$，由于两个电

场叠加，因而就形成了一个随时间变化逆时针旋转的圆极化电场。所以此时 $xy$ 轴方向所加的交流电分别为

$$
\begin{aligned}
E_x &= E_0\cos(\omega_e t+\phi_e) \\
E_y &= E_0\sin(\omega_e t+\phi_e) \\
&= E_0\cos\left(\omega_e t+\phi_e+\frac{3\pi}{2}\right)
\end{aligned} \tag{3.39}
$$

其中 $E_0$ 指电场强度，$\omega_e$ 是指电场频率，$\phi_e$ 是指电场相对于 $x$ 轴方向的初始相位。

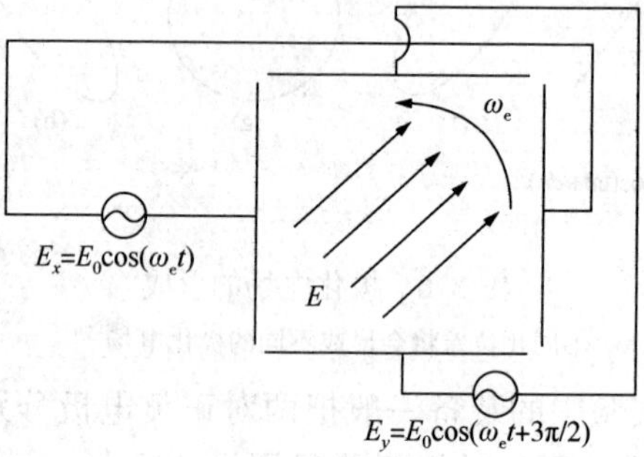


图 3.8　圆极化电场的实验装置简易示意图[28]

对于圆极化电场来说，同样在 mono-domain 模型中，式(3.35)及式(3.36)可以简单标示为

$$
\frac{\mathrm{d}V_m}{\mathrm{d}t}=D\,\nabla\cdot(\nabla V_m)+D\,\nabla(\ln\phi)\cdot(\nabla V_m)-D\,\nabla(\ln\phi)\cdot(E_x\hat{x}+E_y\hat{y})
$$

$$
n\cdot[\nabla V_m-(E_x\hat{x}+E_y\hat{y})]=0 \quad on\,\partial D
$$

若我们考虑极坐标下的情形，则电场作用所造成的影响也体现在零流边界条件上，可以表示为

$$
n\cdot\nabla(V+E\cdot r)=0 \tag{3.40}
$$

$V$ 为相对膜电势，$E=(E_x,\ E_y)$ 为所加的圆极化电场同样考虑半径为 $R$ 是圆形缺陷的情况，此时极坐标下零流边界条件为

$$
\begin{aligned}
n\cdot\nabla(V+E\cdot r) &= n\cdot\left(\frac{\partial}{\partial r}\hat{r}+\frac{\partial}{r\partial\theta}\right)[V+(E_x\hat{x}+E_y\hat{y})\cdot r] \\
&= n\cdot\frac{\partial}{\partial r}\hat{r}[V+(E_x\hat{x}+E_y\hat{y})\cdot r]=\frac{\partial}{\partial r}[V+(E_x\hat{x}+E_y\hat{y})\cdot r] \\
&= \frac{\partial}{\partial r}[V+(E_x r\cos\theta+E_y r\sin\theta)]=\frac{\partial}{\partial r}V+E_x\cos\theta+E_y\sin\theta \\
&= \frac{\partial}{\partial r}V+E_0\cos(\omega_e t+\phi_e)\cos\theta+E_0\sin(\omega_e t+\phi_e)\sin\theta
\end{aligned}
$$

$$=\frac{\partial}{\partial r}V+E_0\cos(\theta-\omega_e t-\phi_e)=0$$

即

$$\partial_\rho V(\rho,\ \theta)\mid_{\rho=R}+E_0\cos(\theta-\omega_e t-\phi_e)=0 \tag{3.41}$$

## 3.6 动力学模型

我们已经推导得到了心脏组织的数学模型及它的边界条件，并且推导得到了电场作用下，它们进一步的表达形式。其中我们提到函数 $I_{\text{ion}}(V_m,\ y)$ 和 $F(V_m,\ y)$ 将分别由具体的动力学系统所决定。它们可以是基于电生理数据的复杂动力学系统，也可以是比较简单的通用动力学系统。在本节中，我们将简单介绍三种动力学模型，分别是 Luo-Rudy 模型[141-144]，Barkley 模型[145-147]以及 Bär 模型[148]，其中，我们将重点介绍 Barkley 模型。

### 3.6.1 Luo-Rudy 模型

Luo-Rudy 模型是一个哺乳动物心室肌动作电位的一个模型。它主要基于一些单细胞单通道的数据，来构建一个细胞去极化及复极化电流的数学公式。该模型主要研究了三种离子电流公式，分别为快速钠电流 $I_{\text{Na}}$，时间依从性钾电流 $I_{\text{K}}$，非时间依从性电流 $I_{\text{K1}}$。另外还研究了缓慢内向电流 $I_{\text{si}}$，高原钾电流 $I_{\text{Kp}}$ 及非时间依从的背景电流 $I_{\text{b}}$。其电生理模拟的重点在于研究细胞去极化及复极化之间的相互作用。

此时 Luo-Rudy 模型对应于式(3.42)，第一式中的 $I_{\text{ion}}(V_m,\ y)$ 是一个电流的总和

$$
\begin{aligned}
I_{\text{ion}}(V_m,\ y)&=I_{\text{Na}}+I_{\text{si}}+I_{\text{K}}+I_{\text{K1}}+I_{\text{Kp}}+I_{\text{b}} \\
I_{\text{Na}}&=\overline{G}_{\text{Na}}\cdot m^3\cdot h\cdot j\cdot(V_m-E_{\text{Na}}) \\
I_{\text{si}}&=\overline{G}_{si}\cdot d\cdot f\cdot(V_m-E_{\text{si}}) \\
I_{\text{K}}&=\overline{G}_{K}\cdot x\cdot x_i(V-E_{\text{K}}) \\
I_{\text{K1}}&=\overline{G}_{\text{K1}}\cdot K1_{\infty}\cdot(V_m-E_{\text{K1}}) \\
I_{\text{Kp}}&=\overline{G}_{\text{Kp}}\cdot K_p\cdot(V_m-E_{\text{Kp}}) \\
I_{\text{b}}&=\overline{G}_{\text{b}}\cdot(V_m-E_{\text{b}})
\end{aligned}
\tag{3.42}
$$

其中 $m$、$j$、$h$、$d$、$f$ 和 $x$ 就是指 $y$，是 gating variables。

$$
\begin{gathered}
F(V_m,\ y)=\frac{(y_\infty-y)}{\tau_y} \\
\tau_y=\frac{1}{(\alpha_y+\beta_y)},\ y_\infty=\frac{\alpha_y}{(\alpha_y+\beta_y)}
\end{gathered}
\tag{3.43}
$$

其中，$y_\infty$是稳定状态下的 gating variables，$\tau_y$ 是一个时间常数。$\alpha_y$ 和 $\beta_y$ 指的是电压依赖性的速率常数。

### 3.6.2 Barkley 模型

对于可激发介质中螺旋波的动力学行为，我们可以用 Barkley 模型来表述。Barkley 模型经常被用来定性地模拟一些产生斑图的系统，比如 BZ 反应，或者其他可以用一个触发变量和一个恢复变量来描述的系统。

Barkley 模型的形式为：

$$\begin{aligned}\frac{\partial u}{\partial t}&=\nabla^2 u+f(u,\ v)\\ \frac{\partial v}{\partial t}&=D_v\ \nabla^2 u+g(u,\ v)\end{aligned}\tag{3.44}$$

这里变量 $u$ 和 $v$ 可以是在假设的化学反应下的化学浓度，或者是生理介质中的膜电位和电流，$f(u,\ v)$ 和 $g(u,\ v)$ 代表系统的动力学函数，拉普拉斯算符代表空扩散项，选择合适的标度使变量 $u$ 的扩散系数为 1，于是 $D_v$ 就是反应系数的比率。系统的边界满足零流边界条件，所以沿着边界的法线方向变量对坐标的导数为 0。式(3.44)表示的双变量模型在可激发系统的学习研究中十分常见[15-19]。根据模拟对象的不同可以选择不同的 $f$ 和 $g$。此外在很多模型的应用中扩散系数 $D_v$ 都被固定为一常数，要么 $D_v=1$(对应生理介质)要么 $D_v=0$(对应化学反应系统)。因为 Barkley 模型是一个理论模型，所以各物理量一般作无量纲处理。

对于 Barkley 模型的 $f(u,\ v)$ 和 $g(u,\ v)$ 的具体形式如下：

$$\begin{aligned}f(u,\ v)&=\varepsilon^{-1}u(1-u)[u-u_{th}(v)]\\ g(u,\ v)&=u-v\end{aligned}\tag{3.45}$$

$u_{th}(v)=(v+b)/a$，$a$、$b$ 和 $\varepsilon$ 都是参数，$\varepsilon\ll 1$。由于 $\varepsilon$ 的值非常小，$u$(激发变量)的动力学行为要比 $v$(恢复变量)演化得快。

图 3.9 展示了动力学函数式(3.45)。图中 $U$ 轴为化学物质 $u$ 的浓度，$V$ 轴为化学物质 $v$ 的浓度。所显示的是系统的零线：$g(u,\ v)=0$ 时的零线 $v=u$；$f(u,\ v)=0$ 时所包含的三条零线 $u=0$，$u=1$ 和 $u_{th}(v)=(v+b)/a$。可激励的固定点位于 $u$ 和 $v$ 的零线相交点处。$u_{th}$是固定点的兴奋性阈值。临近固定点和临界点左边的初始条件直接衰减到固定点。阈值右边的初始条件再返回到固定点之前会经历较大的偏移，带箭头的线可以认为是“运动轨迹”。$\delta$ 阈值表示系统花费其大部分时间的小“边界层”。

这样的系统是可激发的，系统存在一个阈值，如果初始的扰动大于这个阈值，系统就不会直接退回到固定点，而是沿着一个更远的路径演化，最后弛豫到初始位置。在这里阈值由 $f(u,\ v)=0$ 中间的那一段分支决定。当扰动超过阈值，

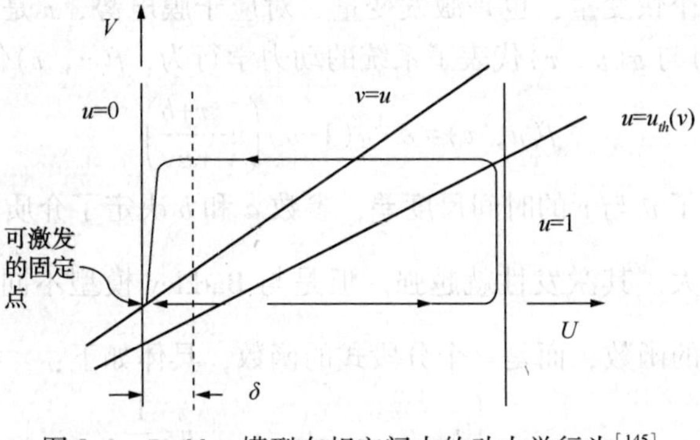

图 3.9　Barkley 模型在相空间中的动力学行为[145]

即系统处于 $u=u_{\mathrm{mid}}$ 的右侧时，因为 $\varepsilon$ 很小的缘故，系统很快被激发到远离固定点的区域，对应于 $f(u, v)=0$ 右侧的分支。具体的轨迹如图 3.9 所示，于是经历一次激发，系统重又回复到原始稳定点的位置，而这种激发能否成功取决于初始时系统是否被扰动到临界值右侧的区域。

我们用下面的术语描述系统个各种可能的状态。如系统靠近固定点，我们就说它处于静息态；如果在 $f(u, v)=0$ 右支的附近，则称为激发态。如果系统靠近 $g(u, v)=0$ 的左支但 $v$ 值不在 0 附近，则说系统处于恢复态。比起静息态，相空间中的恢复态点要更远离阈值。

现在我们考虑式(3.45)，它描述的是一个反应扩散系统。在大部分情况下，为了确保波具有足够的激发性能在扩展系统中传播，图 3.9 中阐释的局部可激发运动学和空间中临近点的扩散耦合相结合就显得非常的重要。这是因为：如果介质中的一些空间格点被激发了[例如，在 $f(u, v)=0$ 曲线的右半支附近]而它们附近的格点还是静息的，扩散行为就会拉着这些静息点在相空间中经过一小段距离，为了能被激发起来，这个距离必需大于阈值。一旦跃过阈值，这些点也就很快也变成被激发的了。就这样，激发区域能够延伸到整个介质。但是，被激发的格点最终会回到静息态，所以介质中没有哪一部分能够一直保持被激发状态，这样在介质中就形成了波的传播。

### 3.6.3　Bär 模型

Bär 模型也是一个简单的双变量模型，它是一个改进的线性分段式的 FitzHugh-Nagumo 模型。Bär 模型也是一个理论模型，各物理量无量纲其形式可以简单表示为

$$\frac{\partial u}{\partial t}=f(u, v)+\nabla^2 u$$
$$\frac{\partial v}{\partial t}=g(u, v) \tag{3.46}$$

其中 $u$ 是一个快变量，也是激发变量，对应于膜电势，$v$ 是慢变量，也是恢复变量。$f(u, v)$ 与 $g(u, v)$ 代表了系统的动力学行为，$f(u, v)$ 仍然可以表示为：

$$f(u, v)=\varepsilon^{-1}u(1-u)\left(u-\frac{v+b}{a}\right) \tag{3.47}$$

参数 $\varepsilon$ 决定了 $u$ 与 $v$ 的时间尺度差，参数 $a$ 和 $b$ 决定了介质激发性的强弱。其比值 $\frac{b}{a}$ 越大，其激发性就越强。但是与 Barkley 模型不同，此时 $g(u, v)$ 不再是一个线性的函数，而是一个分段式的函数，具体如下：

$$g(u, v)=\begin{cases}0, & u<\frac{1}{3}\\ 1-6.75u(u-1)^2, & \frac{1}{3}\leqslant u\leqslant 1\\ 1, & u>1\end{cases} \tag{3.48}$$

# 第4章　用圆极化电场去除心脏组织中的钉扎螺旋波

心脏组织中，钉扎在缺陷上的螺旋波可能会引起致命的心律失常。去除钉扎螺旋波，匀强电场(Uniform Electric Field，简称UEF)的远场激发法提供了一个低电压的选择。在这里，我们提供使用一种新的方法圆极化电场(Circularly Polarized Electric Field，简称CPEF)作用下的远场激发，它具有较高的成功率和比匀强电场更大的适用范围，甚至只需用更低的电压[149]。我们也研究了圆极化电场作用下膜电势的分布来分析其去除钉扎螺旋波的机制。我们希望这种方法可以提供一个更好的选择来去除心律失常。

## 4.1　引言

螺旋波，也被称为转子或旋涡，发生在各个可激发系统，比如化学介质，黏性霉菌系统中的阿米巴变形虫及心脏组织中。在心脏中，螺旋波及随后产生的湍流态有可能会引起心律失常。传统去除心律失常的方法一般采用大电击的方法，但是这种方法电压很大，不仅会给患者带来疼痛，还会产生一些副作用。因此，如何采用低电压的方法去除钉扎螺旋波成了科研工作者的研究课题。其中一种方法就是抗心动过速起搏(Anti-Tachycardia Pacing，简称ATP)。这种方法的主要机制是由一个电极发射出一系列的高频靶波，也就是说，当钉扎在缺陷上的螺旋波频率小于靶波频率的时候，这个螺旋波就有可能被去除钉扎，远离缺陷，图4.1及图4.2分别从实验及数值模拟上观察到了抗心动过速起搏成功去除钉扎螺旋波的例子。以上，我们说高频的起搏可以去除钉扎螺旋波，但是显然成功去除钉扎螺旋波的条件不仅仅如此。对于一个固定的螺旋波的情况下，成功消除螺旋波必须基于两个连续的过程：去除螺旋波的钉扎和随后的起搏诱导漂移。因此通过高频起搏去除钉扎螺旋波需要满足一定的要求才能够成功。除了起搏电极的频率必须大于钉扎螺旋波的频率之外，起搏电极的位置也需合适，最好靠近缺陷附近，这样波在缺陷附近的传播就会受阻碍，才能导致钉扎螺旋波脱离缺陷，然后在起搏产生的波的驱赶作用下，远离缺陷，最后消失在边界。

鉴于此，如今又提出一种去除钉扎螺旋波的方法，就是远场激发，它采用匀强电场来提供一组低电压的电场脉冲作用到心脏组织中，从而使得非均匀区域产生去极化与超极化现象，激发出波去除钉扎螺旋波。该方法早在1999年，Pumir

等人就已经开始着眼研究。他们提出在均匀电场作用下，缺陷周围会出现去极化及超极化现象，如果电场强度足够大，去极化区域就会激发出波，因而可以成功的去除钉扎螺旋波，并且，他们还分析了成功去除钉扎螺旋波的机制，图 4.3 就是其中成功去除钉扎螺旋波的情形。

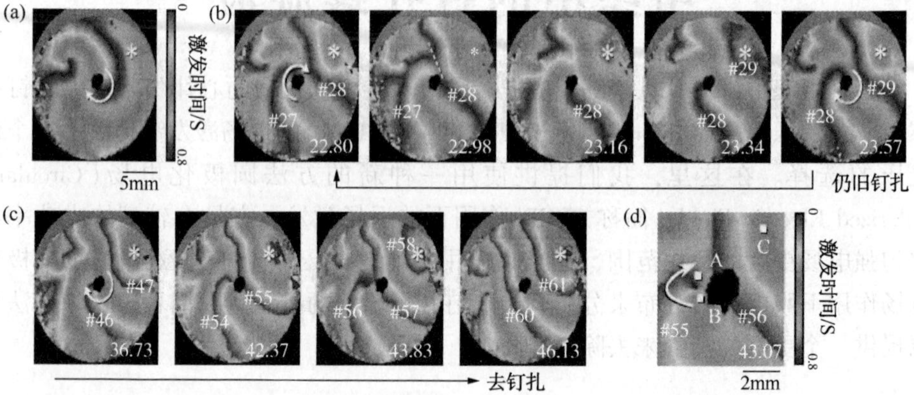


图 4.1　实验上观察到的抗心动过速起搏去除钉扎螺旋波

(b)去除钉扎螺旋波的失败例子。(c)去除钉扎螺旋波的成功例子。

(d)特写快照。星号标注的是指起搏电极。白色箭头指钉扎螺旋波的旋转方向[95]

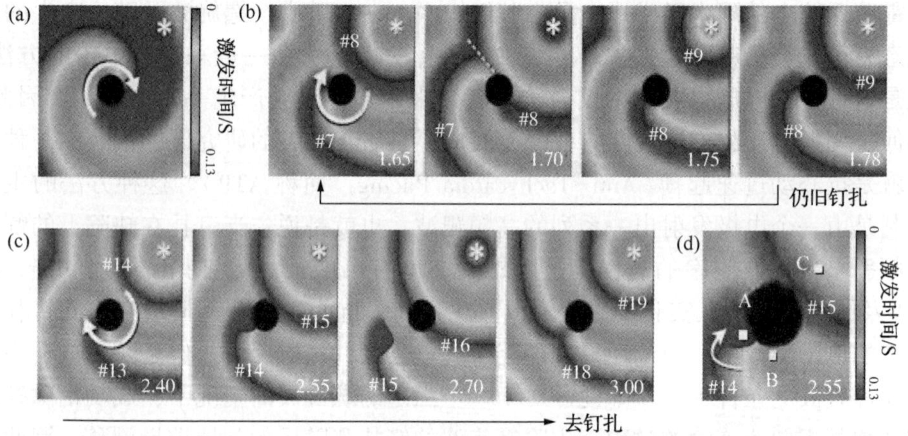


图 4.2　FK 模型，数值模拟观察到的抗心动过速起搏去除钉扎螺旋波

(b)去除钉扎螺旋波的失败例子。(c)去除钉扎螺旋波的成功例子。

(d)特写快照。星号标注的是指起搏电极。白色箭头指钉扎螺旋波的旋转方向[95]

而后在 2004 年，Takagi 等人对去除钉扎螺旋波进行了进一步研究，该研究的数值模拟是在 bi-domain 模型下进行，该模型能更好地描述心肌组织受到电场的影响，特别是电流注入之后，组织的电活动的变化。如图 4.4 所示，在 $t=40$ms 是时候，由于电场的作用，在缺陷周边产生去极化与超极化区域。而在 $t=$

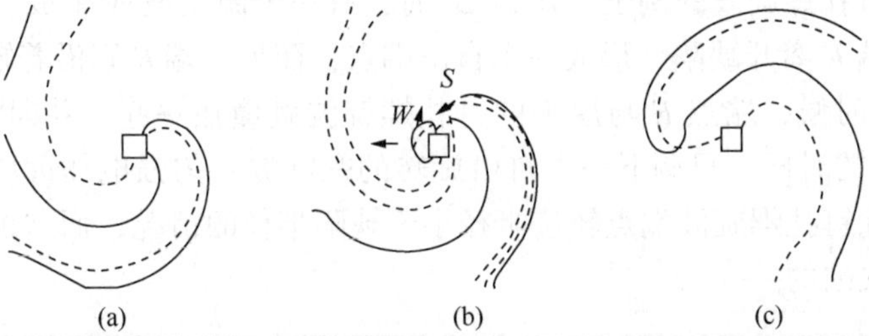


图 4.3　FH 模型，匀强电场作用下成功去除钉扎螺旋波

*S* 为钉扎螺旋波，*W* 为电场激发产生的波[131]

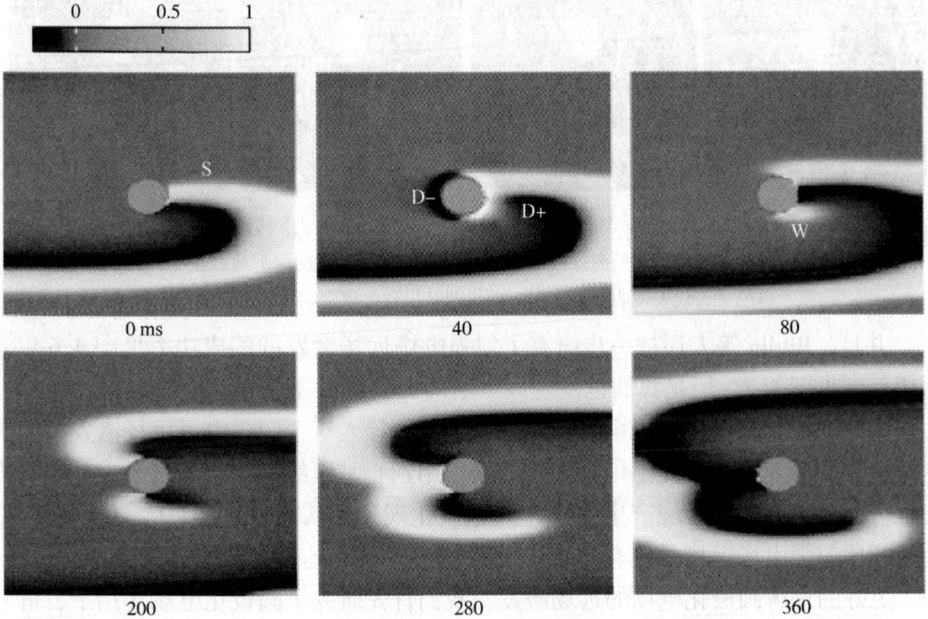


图 4.4　FH 模型，匀强电场作用下成功去除钉扎螺旋波

$D_+$指去极化区域。$D_-$指超极化区域[150]

80ms 的时候，去极化区域激发产生了一个波。该波在 $t=280$ms 的时候与钉扎螺旋波相碰，最后两者一起离开缺陷[150]。在该文章中，Takagi 等人对电场作用后，膜电势的变化进行了主要的分析，并以此给出了去除钉扎螺旋波的简单机制，同时也分析了电场强度对于去除钉扎螺旋波的影响。

近年来对于匀强电场作用下去除钉扎螺旋波的研究工作也仍在继续中。而本章节，我们提出的圆极化电场作用下的远场激发，将在得出其成功去除钉扎螺旋波之外，与匀强电场作用下的远场激发进行比较。通过与 2008 年 Bitthn[151] 等人对去除钉扎螺旋波进行的研究进行对比，来更清楚地了解圆极化电场去除钉扎螺旋波的能力。Bitthn 等人的研究工作具体如下。首先，图 4.5 举例了匀强电场作用成功去除钉扎螺旋波的例子。在 $t=20$ 时，有一个激发波 $N$ 生成。在 $t=21$ 时，激发波的一端 $F$ 离开缺陷，形成一个自由端点，而另一端 $E$ 则沿着缺陷传播。然后在 $t=22$ 的时候，端点 $E$ 与原来的钉扎螺旋波碰撞在一起，并即将离开缺陷。最后在 $t=40$ 的时候，只剩下一个自由旋转的螺旋波。匀强电场远场激发的方法能够成功去除钉扎螺旋波端点轨迹半径小于缺陷半径的情况，而这也正是抗心动过速起搏所欠缺的。

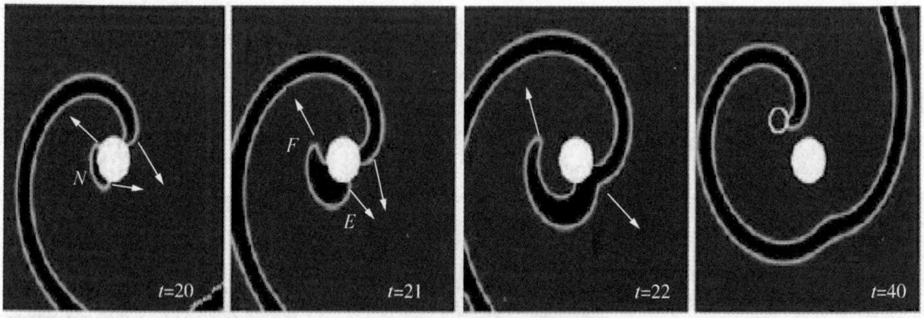


图 4.5　Barkley 模型下，匀强电场作用下成功去除钉扎螺旋波

$N$ 指新产生的激发波 $E$ 和 $F$ 分别指新的激发波的两个端点。

白色箭头代表波的传播方向。白色圈是指自由螺旋波的端点轨迹[151]

并且，Bitthn 等人还进一步研究了匀强电场远场激发的的成功率见图 4.6 以及适用范围见图 4.7。但是我们也发现该方法的成功率并不是很高，且其适用范围存在局限性。在本章节的工作中，我们将就 Bitthn 等人对于匀强电场远场激发去除钉扎螺旋波的研究工作，提出用圆极化电场作用到心脏组织中产生远场激发。这种方法也可以使得非均匀区域产生去极化与超极化现象，从而有效地去除钉扎螺旋波。并且相比匀强电场远场激发有着更大的成功率，更广的适用范围以及更低的电压。为了更好的理解圆极化电场的远场激发，我们首先研究了圆极化电场作用下，静息态的膜电势分布，并且分析圆极化电场去除钉扎螺旋波的机制。

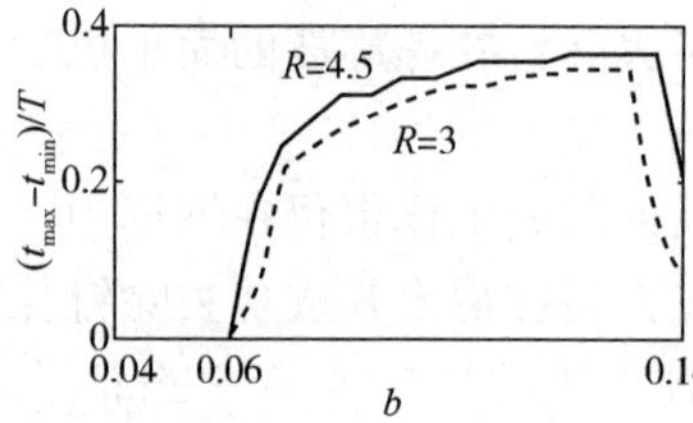


图 4.6　Barkley 模型下，匀强电场作用下成功去除钉扎螺旋波的成功率[151]

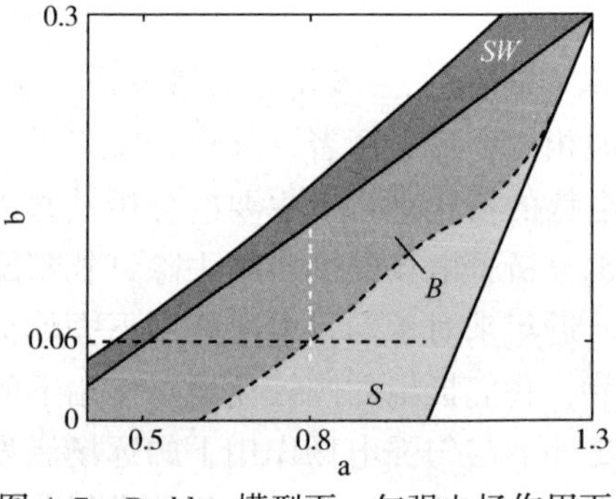


图 4.7　Barkley 模型下，匀强电场作用下成功去除钉扎螺旋波的适用范围[151]

## 4.2 静息态下膜电势的分布

我们说到当电流通过细胞组织时，非均匀介质(缺陷)周边的膜电势就会重新分布，产生去极化和超极化现象，会形成一个虚拟电极。通过数值模拟结果，我们可以更清楚地了解其形成情况。

为了体现我们的数值结果是不依赖于模型的影响，我们分别分析了 Luo-Rudy 模型及 Barkley 模型下，静息态弱电场作用下的膜电势分布情况(若为可激发状态，该介质可以维持螺旋波的旋转)，具体如图 4.8 所示。在本章节 Luo-Rudy 模型中，缺陷半径都取为 $R=0.32\text{cm}$，介质的激发性的给定与文献[152]中的激发性相同。在本章节 Barkley 模型中，缺陷半径都取为 $R=3$，除了有特殊说明的情况，介质的激发性都设为 $a=0.8$、$b=0.06$。

如图 4.8 所示，比较匀强电场和圆极化电场作用下，膜电势分布的区别。我们可以看到，匀强电场作用下，其形成的膜电势分布，是去极化区域和超极化区域对半，均匀静态地分布在缺陷的两边，成偶极子形状。而圆极化电场下作用下的膜电势分布非常特别。首先我们发现其膜电势分布是随着时间变化的，其变化是与圆极化电场的旋转同步，且其形成的图案就如同我们中国“古太极图”。根据其有没有与缺陷连接，我们可以把去极化区域与超极化区域化分为“Head”和“Tail”两部分。

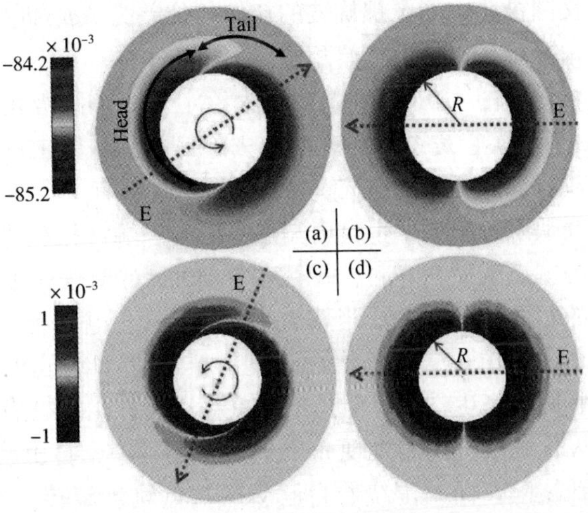


图 4.8 圆极化电场及匀强电场下膜电势的分布图

(a) Luo-Rudy 模型下，圆极化电场作用，电场强度 $E_0=0.05\text{V/cm}$，电场频率 $\omega_e=0.2\text{rad/ms}$。(b) Luo-Rudy 模型下，匀强电场作用，$E_0=0.05\text{V/cm}$。(c) Barkley 模型下，圆极化电场作用，$E_0=0.05$，$\omega_e=4$。(d) Barkley 模型下，匀强电场作用，$E_0=0.05$。虚线箭头代表了此时虚拟电极的电场方向。旋转箭头代表了电场的旋转方向为逆时针。两个旋转区域分别代表去极化区域和超极化区域。两个双向的箭头分别把去极化区域分为了“Head”和“Tail”，做了必要修改[149]

## 4.3 圆极化电场去除钉扎螺旋波机制

在了解了小电场下，膜电势的分布情况之后，我们把电场加大，此时我们发现就可以去除钉扎在缺陷上的螺旋波。我们知道，在心脏组织中，钉扎在缺陷上的螺旋波可能顺时针旋转，也可能是逆时针旋转。因为匀强电场只有一个方向，所以并没有对此区别研究。但是，对于同样具有方向性的圆极化电场而言，我们必须分别考虑去除顺时针旋转的钉扎螺旋波和逆时针旋转的钉扎螺旋波。接下来我们将重点讨论圆极化电场成功去除钉扎螺旋波的情形及其去除钉扎的机制。

### 4.3.1 去除顺时针旋转的钉扎螺旋波

首先，我们数值模拟得到一个顺时针旋转的钉扎在缺陷上的螺旋波的初始条件，该钉扎螺旋波的频率为 $\omega_e$，如图 4.9(a) 为 Luo-Rudy 模型下得到的初始条件，此时刻定为 $t=0$。如图 4.9(a) 所示，$\phi_e$ 是圆极化电场相对于 $x$ 轴的初始相位，$\phi_s$ 为初始螺旋波相对于 $x$ 轴的相位。在心脏组织中，我们知道螺旋波的初始相位一般是任意的，但是电场的初始相位一般是给定的。但是在数值模拟过程中，为了操作方便以及更加简单的理解，我们此时假设螺旋波的初始相位是固定的，并且令其为 $\phi_s=0$，而所加圆极化电场的初始相位是任意的。另外，为了方便解释，我们定义圆极化电场及螺旋波的初始相位差为 $\Delta\phi=\phi_e-\phi_s$，而这也可以直接理解为实际情况中，两者的初始相位差。

由以上分析可得，图 4.9(a) 可以被认为给定了一个圆极化电场及螺旋波的相位差 $\Delta\phi$，然后来观察它是否能够成功地去除钉扎在缺陷上的螺旋波，具体去除钉扎螺旋波的过程如图所示。首先，在 $t=20$ms 时，有一个激发波 $N$ 开始慢慢生成，其一端离开缺陷，形成一个自由端点，而另一端钉扎在缺陷上，沿着缺陷传播，与螺旋波的端点碰撞在一起，并且在 $t=40$ms 的时候，远离缺陷，从而就得到了自由旋转的新的螺旋波 $S'$。当然由于此时圆极化电场还没有撤离，所以缺陷仍然相当于一个虚拟电极，它仍然会激发出新的波 $N'$。虽然这个新产生的激发波还会和自由螺旋波产生作用，但是不会重新让其钉扎回缺陷。在一个螺旋波周期之后停掉圆极化电场，我们发现介质中只存在了一个自由旋转的螺旋波 $S'$，它将不再钉扎回到缺陷，而是围绕着自己新的端点轨迹旋转，如图 $t=105$ms 时所示。我们说圆极化电场作用下，把一个钉扎螺旋波成功去除，使之远离缺陷的情况，称为“successful unpinning”。

为了更清晰地给出圆极化电场成功去除钉扎螺旋波的机制，我们采用较为简单的 Barkley 模型再次进行模拟操作得到了如图 4.9(b) 所示清晰过程。首先在一开始的时候，我们也是给定了一个初始相位差，初始螺旋波 $S$ 的相位 $\phi_s$ 也设为

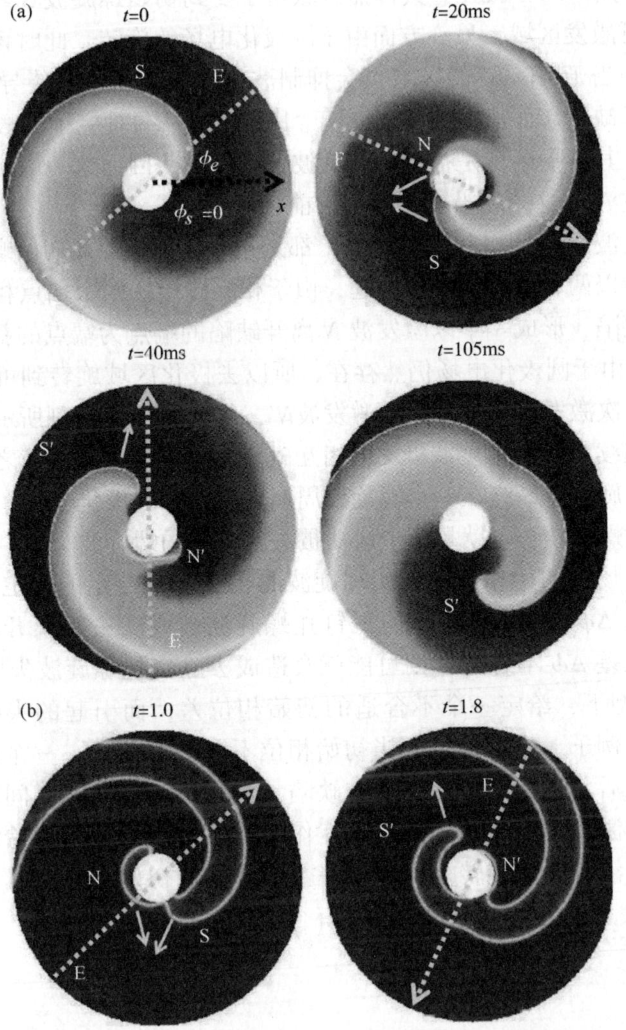


图 4.9　圆极化电场去除顺时针旋转的钉扎螺旋波

(a) Luo-Rudy 模型下，初始螺旋波的频率为 $\omega_s=0.136$rad/ms。圆极化电场的强度 $E_0=0.7$V/cm，频率 $\omega_e$ $-0.1$rad/ms。电场从 $t=0$ 时刻加到 $t=46.2$ms。$\phi_e$ 是圆极化电场相对于 $x$ 轴的初始相位，$\phi_s$ 为初始螺旋波相对于 $x$ 轴的相位，令其为零。(b) Barkley 模型下，$\omega_s=1.024$、$E_0=1.8$，$\omega_e=3.686$。电场从 $t=0$ 时刻加到 $t=6$。$N$ 和 $N'$分别指圆极化电场作用下，不同时刻所诱发产生的激发波。$S$ 和 $S'$分别指初始的钉扎螺旋波和新形成的自由螺旋波。白色箭头指的波传播方向，做了必要修改[149]

零，圆极化电场的初始相位为 $\phi_e$，其旋转的频率为 $\omega_e$。随后，我们发现由于圆极化电场的作用，缺陷作为一个虚拟电极，其去极化区域发射出一个新的激发波 $N$，而此时的圆极化电场的相位为 $1.0\omega_e+\phi_e$，也正好对应如图 $t=1.0$ 时刻所示。对于新产生的激发波 $N$，我们发现它开始慢慢沿着缺陷的两个方向开始传播。激

发波 $N$ 的一端相当于"Tail"，其传播区域由于受到初始螺旋波 $S$ 经过所影响，还没有恢复到可激发区域，另一方面由于圆极化电场的旋转，此时该区域也正好是超极化区域相当于"Head"的区域，会抑制波的产生，所以最终导致激发波 $N$ 的这一端离开了缺陷。而激发波 $N$ 相当于"Head"的一端对应于圆极化电场的去极化区域，并且其传播区域是在初始螺旋波 $S$ 的波前，因而这一区域是可以被激发的，故激发波 $N$ 的这一端沿着缺陷继续前进。

由于激发波 $N$ 与圆极化电场同步，都是逆时针旋转，而初始螺旋波 $S$ 是顺时针旋转的，所以两者最后碰撞在一起，由于相互碰撞，两个端点相互湮灭，结合在一起离开缺陷，形成一个以激发波 $N$ 离开缺陷的端点为端点的新的自由的螺旋波$S'$。而此时由于圆极化电场仍然存在，所以去极化区域旋转到可以激发出波的区域，它会再次激发出另一个新的激发波$N'$，如图 $t=1.8$ 时刻所示。这个新激发波$N'$还是会继续与自由螺旋波$S'$发生相互碰撞，但是每一次碰撞之后，剩下的还是一个自由螺旋波。最终在一个螺旋波周期之后停止圆极化电场，介质中也只会剩下一个自由螺旋波，也就是一个成功被去除钉扎的螺旋波。

圆极化电场的初始相位及初始螺旋波的相位都是给定的，也就是给定了一个初始相位差 $\Delta\phi$，这才能最终使得钉扎螺旋波被成功去除离开缺陷。如果给定的初始相位差 $\Delta\phi$ 不合适，则可能就会造成去除钉扎螺旋波失败。如图 4.10 为 Barkley 模型下，给定一个不合适的初始相位差，而引起的去除顺时针钉扎螺旋波失败的例子。由图可见，当初始相位不合适的时候，一个螺旋波周期的圆极化电场之后，螺旋波仍然钉扎在缺陷，没有离开。虽然期间缺陷作为虚拟电极有发射出激发波与初始螺旋波相互作用，但是初始螺旋波始终没有办法离开缺陷，仍然沿着缺陷旋转。像这样一个不合适的初始相位，就不能够成功去除钉扎螺旋波。因此，我们可以说只有合适的初始相位差 $\Delta\phi$，才能成功地去除钉扎螺旋波。

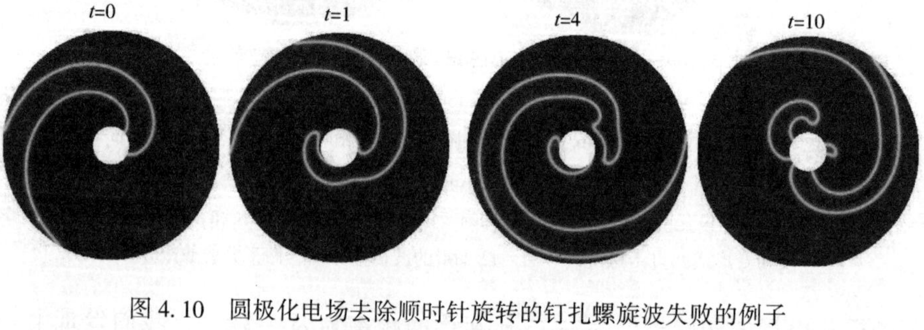


图 4.10　圆极化电场去除顺时针旋转的钉扎螺旋波失败的例子

在 Barkley 模型下，初始螺旋波的频率 $\omega_s=1.024$，电场强度 $E_0=1.8$，电场频率 $\omega_e=3.686$。电场从 $t=0$ 时刻加到 $t=6$

在以上的分析中，对于圆极化电场所加的时间，我们选择的是一个螺旋波周期的时间；钉扎螺旋波有没有成功被去除，我们选择的也是观察一个螺旋波周期之后的情况。具体来说，初始条件是一个钉扎螺旋波，然后在某一时刻加入圆极化电场作用(此时圆极化电场与初始螺旋波的相位差为 $\Delta\phi$)，经历一个当前螺旋波周期之后，停止圆极化电场，开始观察钉扎螺旋波的去除情况。如果在当前螺旋波一个周期之后，钉扎螺旋波被成功去除钉扎，变为一个自由旋转的螺旋波，就说明去除钉扎成功。否则如果在一个当前螺旋波周期之后，仍然存在钉扎螺旋波，则说明去除钉扎失败。

其实在数据分析的时候，我们也发现了这样一个问题，停止圆极化电场的时刻不同，也会影响最终去除螺旋波是否成功。因为缺陷作为虚拟电极，去极化区域在可激发时刻都将发射出新的激发波，因而如果停止电场的时刻不合适，可能就会导致这个新产生的激发波不能和螺旋波发生很好的相互作用。但是换一种思路考虑，这个影响也可以归结为初始相位差的选取。也就是说初始相位差的选取也影响着停止电场后，能否成功去除钉扎螺旋波。所以为了方便我们定义，也便于理解，我们将停止电场时间的不同所造成的影响也归纳到选取初始相位差的影响。在以下的工作中，我们也都将把初始相位差的选取作为成功去除钉扎螺旋波的依据。

### 4.3.2　去除逆时针旋转的钉扎螺旋波

以上，我们介绍的是去除顺时针旋转的钉扎螺旋波的机制，接下来我们开始讨论去除逆时针旋转的钉扎螺旋波，也就是说现在我们所加的圆极化电场与钉扎螺旋波是同向旋转的。同上，我们事先数值模拟得到一个逆时针旋转的钉扎在缺陷上的螺旋波的初始条件，该钉扎螺旋波的频率为 $\omega_e$，如图 4.11(a)为 Luo-Rudy 模型下得到的初始条件，此时刻定为 $t=0$。为了观察成功去除钉扎螺旋波的情形，我们给定一个合适的圆极化电场及螺旋波的相位差 $\Delta\phi$。如图 4.11(a)所示，在 $t=8$ms 时，有一个激发波 $N$ 开始慢慢生成，然后在 $t=25$ms 的时候，钉扎螺旋波远离了缺陷，从而就成为了自由旋转的螺旋波 $S$。当然由于此时圆极化电场还没有撤离，所以此时的缺陷仍然相当于一个虚拟电极，激发波 $N$ 仍然随着圆极化电场的旋转而旋转，但是它不会影响螺旋波 $S$ 的自由旋转。在一个螺旋波周期之后停掉圆极化电场的作用，我们发现介质中只存在了一个自由旋转的螺旋波 $S$，它将不在钉扎到缺陷，而是围绕着自己新的端点轨迹旋转，所以此次去除钉扎螺旋波是成功的，如图 4.11$t=105$ms 时所示。

同样为了更加清晰地了解去除逆时针旋转的钉扎螺旋波的机制，我们又数值模拟了 Barkley 模型下的成功去除钉扎的情况，具体如图 4.11(b)所示。在给定的合适的初始相位差之后，我们观察圆极化电场及钉扎螺旋波的变化。在 $t=2.0$

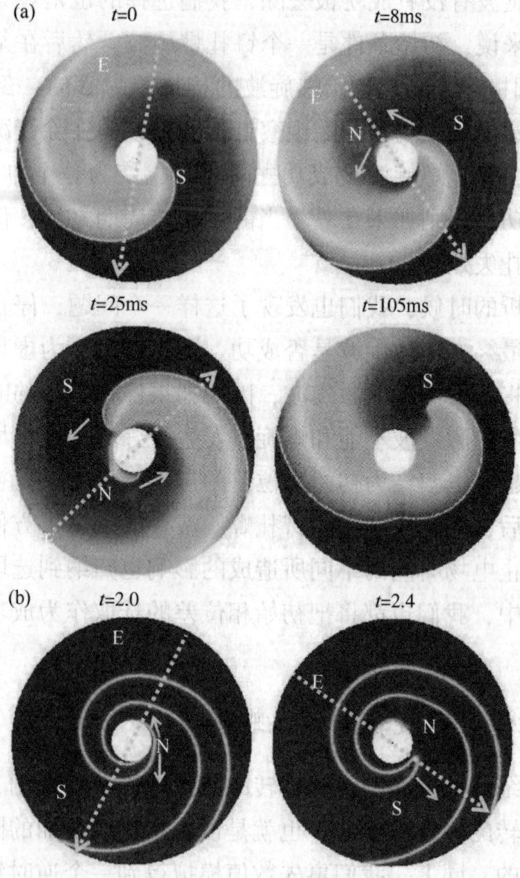


图 4.11　圆极化电场去除逆时针旋转的钉扎螺旋波

(a) Luo-Rudy 模型，初始螺旋波的频率为 $\phi_s = 0.136$rad/ms。圆极化电场的强度 $E_0 = 0.7$V/cm，频率 $\omega_e = 0.1$rad/ms。电场从 $t = 0$ 时刻加到 $t = 46.2$ms。(b) Barkley 模型，$\phi_s = 1.024$、$E_0 = 1.8$，$\omega_e = 3.686$。电场从 $t = 0$ 时刻加到 $t = 6$，做了必要修改[149]

时刻，我们可以清晰地看到，一个激发波 $N$ 产生了，且它和钉扎螺旋波 $S$ 是结合在一起的。也就是说此时的圆极化电场的去极化区域与钉扎螺旋波 $S$ 的端点处有部分重合。随后由于圆极化电场的旋转频率与螺旋波 $S$ 的旋转频率是不一样的，所以会造成两者慢慢分离。在 Barkley 模型此时的参数选择下，我们知道圆极化电场的旋转频率是大于钉扎螺旋波 $S$ 的旋转频率的。而激发波 $N$ 是与圆极化电场同步的，所以激发波 $N$ 会脱离钉扎螺旋波 $S$ 而率先向前传播，也就意味着此时圆极化电场的去极化区域不再与钉扎螺旋波 $S$ 的端点重合。我们可以知道圆极化电场产生的去极化区域与超极化区域分布在缺陷的两边，所以换一句话说，此时的钉扎螺旋波 $S$ 开始慢慢进入到了圆极化电场的超极化区域的“Head”区域。而作为超极化区域，它具有抑制作用，钉扎螺旋波 $S$ 无法传播经过此区域。因此钉扎螺旋波 $S$ 被迫离开了缺陷，如 $t=2.4$ 时刻所示。此时圆极化电场仍然存在，而由于它的旋转，离开缺陷的螺旋波 $S$ 又受到了超极化区域的“Tail”的作用，使之更加远离了缺陷。虽然我们看到激发波 $N$ 仍然沿着缺陷在旋转，但是它不会改变螺旋波 $S$ 离开缺陷的事实。停止圆极化电场的作用，此时介质中，也将只剩下一个自由旋转的螺旋波 $S$。如果给定的初始相位差 $\Delta\phi$ 不合适，则也会造成去除钉扎螺旋波失败。如图 4.12 为 Barkley 模型下，给定一个不合适的初始相位差，而引起的去除逆时针旋转的螺旋波失败的例子。

综上对圆极化电场去除钉扎螺旋波的讨论，我们可以得到两种不同的机制，分别对应着去除顺时针旋转的钉扎螺旋波与逆时针旋转的钉扎螺旋波。讨论机制的前提条件：首先我们是在一定激发性的介质中进行的数值模拟，再者圆极化电场的电场强度，电场频率也是给定的，并且选取逆时针旋转。然后具体针对两种情况，我们可以简单归纳为在给定了合适的初始相位差 $\Delta\phi$ 之后，圆极化电场所引起的旋转的去极化区域与超极化区域是成功去除钉扎螺旋波的直接原因，分别可对应于去除顺时针旋转的钉扎旋转螺旋波与去除逆时针旋转的钉扎旋转螺旋波。

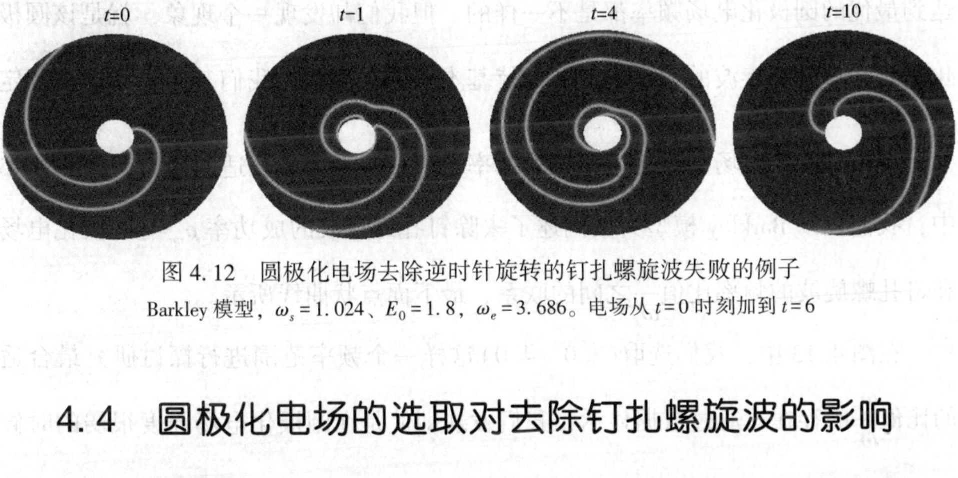


图 4.12　圆极化电场去除逆时针旋转的钉扎螺旋波失败的例子

Barkley 模型，$\omega_s=1.024$、$E_0=1.8$，$\omega_e=3.686$。电场从 $t=0$ 时刻加到 $t=6$

## 4.4　圆极化电场的选取对去除钉扎螺旋波的影响

在上一节探讨去除钉扎螺旋波的机制的时候，我们提到只有给定了圆极化电场与螺旋波的合适的初始相位差 $\Delta\phi$ 才能够成功去除钉扎螺旋波。因此初始相位差 $\Delta\phi$ 的选取是成功去除钉扎螺旋波的关键。为了能够更进一步地了解圆极化电场去除钉扎螺旋波的情况及去除钉扎螺旋波的效率，我们做了更多的数值模拟工作。我们把整个 $2\pi$ 的相位细等分为 $n$ 等份，从而设定了 $n$ 个初始相位差 $\Delta\phi$，分别记录去除钉扎螺旋波的成功情况。然后我们把这 $n$ 个初始相位差 $\Delta\phi$ 中能够成功去除钉扎螺旋波的 $m$ 个初始相位差定义为合适的初始相位差 $\{\Delta\phi\}_{unpin}$

$\left(\{\Delta\phi\}_{unpin}=m\cdot\dfrac{2\pi}{n}\right)$。因此就整个 $2\pi$ 范围而言，其成功去除钉扎螺旋波的成功率为

$$\rho_{uw}=\frac{\{\Delta\phi\}_{unpin}}{2\pi}\times 100\% \tag{4.1}$$

其中 $\rho_{uw}$ 也指的是在给定的激发性以及圆极化电场下，任意一个 $\Delta\phi$ 能否成功去除钉扎螺旋波的成功率。

接下来我们将具体讨论圆极化电场去除钉扎螺旋波的效率问题。首先我们给定介质的激发性，也就是在钉扎螺旋波的旋转频率 $\omega_s$ 是固定的情况下，我们研究去除钉扎螺旋波的成功率与所加圆极化电场之间的关系。而经过我们的数值模拟及数据分析，我们发现去除钉扎螺旋波的成功率与圆极化电场的强度及频率间都有着密切的联系。具体来说，如果给定了一定范围的圆极化电场频率，我们发现去除钉扎螺旋波的成功率可以得到最优解，即某一个圆极化电场的频率可以促使去除钉扎螺旋波的成功率达到最大。因此我们也可以把这个可以使去除钉扎螺旋波的成功率达到最大的圆极化电场频率定为最合适的电场频率。虽然不同的介质激发性下(对应着不同的钉扎螺旋波的旋转频率)，去除钉扎螺旋波的成功率达到最优的圆极化电场频率都是不一样的。但我们却发现一个现象，就是该圆极化电场和钉扎螺旋波的频率比值 $\frac{\omega_e}{\omega_s}$ 保持基本一致。因此，我们又给出了这样的定义，把该圆极化电场和钉扎螺旋波的频率比值 $\frac{\omega_e}{\omega_s}$ 定义为最合适的比值。在图 4.13 中，我们也以 Barkley 模型为例阐述了去除钉扎螺旋波的成功率 $\rho_{uw}$ 与圆极化电场和钉扎螺旋波的频率比值 $\frac{\omega_e}{\omega_s}$ 之间的联系，最下面点状曲线所示。

在图 4.13 中，我们选取(3.0　4.0)这样一个频率范围进行探讨研究最合适的比值 $\frac{\omega_e}{\omega_s}$ 的存在。通过数据显示，我们发现即使是在圆极化电场强度很弱的时候(如图 $E_0=0.8$ 的点曲线)，圆极化电场和钉扎螺旋波的频率比值在 $\frac{\omega_e}{\omega_s}=3.6$ 左右的时候，$\rho_{uw}$ 也能达到相对很大的值。因此我们把 $\frac{\omega_e}{\omega_s}=3.6$ 作为一个最合适的比值。

当然从图 4.13 中，我们也非常清晰地看到圆极化电场的强度也极大地影响了其去除钉扎螺旋波的成功率，圆极化电场的强度越大，去除钉扎螺旋波的成功率越高。但是这里存在一个圆极化电场强度的最大值，增加电场强度大于这个最

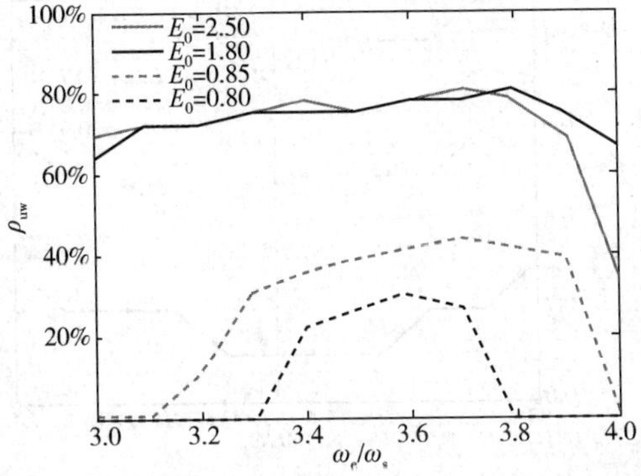


图 4.13　Barkley 模型，去除钉扎螺旋波的成功率 $\rho_{uw}$ 与圆极化电场和钉扎螺旋波的频率比值 $\frac{\omega_e}{\omega_s}$ 之间的联系

不同的曲线指的是不同圆极化电场的强度下，$\rho_{uw}$ 与 $\frac{\omega_e}{\omega_s}$ 之间的关系[149]

大值之后，电场强度的改变将对于去除钉扎螺旋波的成功率不会产生太大变化。并且电场强度过大也会对真实心脏组织产生伤害。为此我们选取一个相对小，但又能使去除钉扎螺旋波的成功率相对大的电场强度，比如图 4.13 中 $E_0=1.8$ 的情况，此时我们也可以认为这个电场强度是最合适的。

以上我们得到圆极化电场对去除钉扎螺旋波有一个上限值，为了更加清楚地了解电场大小对于去除钉扎螺旋波的影响，我们还研究了圆极化电场对去除钉扎螺旋波的一个下限值，即电场强度达到多大之后，才能成功去除钉扎螺旋波。如图 4.14 所示，每一个圆极化电场频率都对应着不同点临界电场值。不同的曲线代表了不同的介质激发性下所对应的电场临界值。其中我们知道在 Barkley 模型中国，参数 $b$ 固定，其介质的激发性将随着参数 $a$ 的增大而变强，也就是激发性 $a=0.9>a=0.8>a=0.7$。然后由图 4.14，我们可以非常清晰地看到相同的电场频率下，临界电场值随着介质激发性的增强而变得越大。以图中虚线为例，当电场频率比值 $\frac{\omega_e}{\omega_s}=3.5$ 的时候，$a=0.9$ 的对应的临界电场值 $E_c=0.95$，$a=0.8$ 的对应的临界电场值 $E_c=0.80$，$a=0.7$ 的对应的临界电场值 $E_c=0.65$。并且我们发现，虽然对于不同的激发性，其电场的临界值是不一样的，但是其相对于电场频率比值所呈现出来的趋势趋于一致。再者，我们以 $a=0.8$ 为例，我们发现每一个电场频率比值所对应的电场临界值也都并不是一样的。结合图 4.14 所示数据，我们更可以清楚地得出对于去除钉扎螺旋波的最合适的电场频率比值以及电场强度。

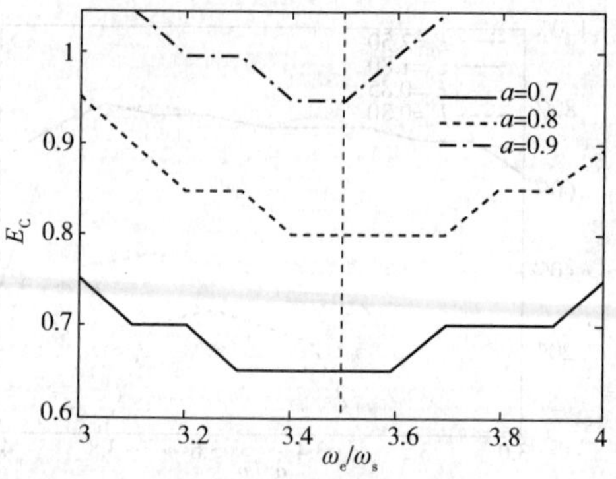


图 4.14 Barkley 模型，成功去除钉扎螺旋波所需圆极化电场强度的临界值
不同的曲线代表不同的激发性下的情况。介质参数 $b=0.06$，$a=0.7$，0.8，0.9

## 4.5 去除钉扎螺旋波的成功率及适用范围

通过分析圆极化电场的选取对去除钉扎螺旋波的影响，我们知道合适的圆极化电场强度及电场频率都将使得去除钉扎螺旋波的成功率变高。因此接下来我们将选取相对合适的圆极化电场强度及电场频率来进行研究不同激发性下，圆极化电场去除钉扎螺旋波的成功率，并且与匀强电场去除钉扎螺旋波的成功率进行比较。首先，为了能够更清楚地了解圆极化电场去除钉扎螺旋波的成功率，我们选定一个较大的激发性范围（$a=0.8$，$b=0\sim0.14$）进行研究，如图 4.15 所示。该激发性范围也是在文献[81]的基础上进一步选取的，以方便更好地对比。图中黑色点线是我们数值模拟得到的匀强电场作用去除钉扎螺旋波的成功率，与图 4.15 中半径为 $R=3$ 时得到的曲线相似。

在这个激发区域，圆极化电场去除钉扎螺旋波的成功率的平均值达到了 80%左右，远远高于匀强电场去除钉扎螺旋波的成功率。并且不管是去除顺时针钉扎螺旋波还是逆时针钉扎螺旋波，圆极化电场都有着很高的成功率，尤其是在激发性比较弱的区域（$b>0.11$），相比匀强电场去除钉扎螺旋波的成功率都小于 40%，圆极化电场去除钉扎螺旋波的成功率达到了 100%。这就意味着，无论圆极化电场与钉扎螺旋波的初始相位如何，圆极化电场都能够成功地去除钉扎在缺陷上的螺旋波。另外值得欣喜的是，在激发性较强的区域（$b<0.06$），针对匀强电场无法成功去除钉扎螺旋波的情况，圆极化电场依然可以成功去除钉扎螺旋波，并且其成功率仍然达到了 40%以上。除此之外，圆极化电场去除钉扎螺旋波所需的电场强度（$E_0=1.8$）还远远小于匀强电场所用的电场强度（$E_0=7$ 取自文献[81]）。

在去除钉扎螺旋波的成功率上，我们看到了圆极化电场的极大的优势。当然圆极化电场不仅仅体现在它优越的成功率上，也体现在它的适用范围上。我们研究了整个可激发区域，圆极化电场的适用情况。所谓整个激发区域指的是，该激

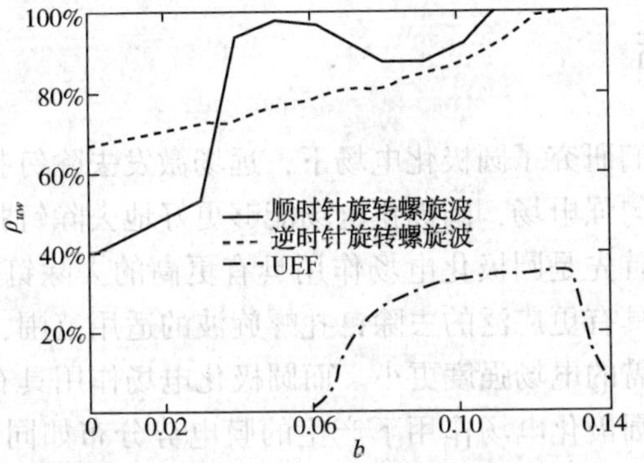


图 4.15　Barkley 模型，去除钉扎螺旋波的成功率

虚线和实线指的是圆极化电场作用下，分别去除顺时针与逆时针旋转的钉扎螺旋波的成功率。其圆极化电场的强度 $E_0=1.8$，电场频率 $\omega_e=3.6\omega_s$。圆点线指的是匀强电场作用去除钉扎螺旋波的成功率，其电场强度 $E_0=7$，该数值模拟得到的曲线与文献[81]中的图 5a 得到的曲线相似[149]

发区域体现的是可激发动力学，可以维持螺旋波的存在。我们研究各个激发介质下，圆极化电场去除钉扎螺旋波的情况，然后发现其去除钉扎螺旋波的成功率 $\rho_{uw}>0$ 贯穿了整个可激发区域，而这远远大于了匀强电场去除钉扎螺旋波的适用范围。如图 4.16 所示，圆极化电场成功去除钉扎螺旋波的范围(灰色区域)遍及了整个的可激发区域(SW 区域)，而匀强电场成功去除钉扎螺旋波的范围(阴影区域)只是可激发区域的一部分。考虑到实际的心脏组织中，其激发性的分布可能遍及整个可激发范围，因而我们可以讲圆极化电场相比匀强电场能够更好地应用到实际情况中来去除钉扎螺旋波。

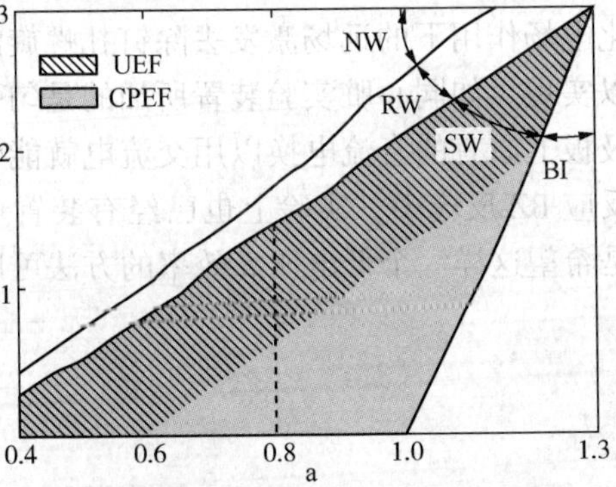


图 4.16　Barkley 模型，去除钉扎螺旋波的适用范围

三条粗实线把整个介质根据激发性分为了四个区域，分别由双向箭头划分。在 SW 区域，该介质激发性呈现的是可激发动力学，可以维持螺旋波的存在。而 NW、RW、BI 区域，其分别代表了没有波的存在，收缩波及不稳定区域。阴影区域指的是匀强电场成功去除钉扎螺旋波的范围，此时电场强度 $E_0=7$，其数值模拟结果与文献[81]中图 2b 类似。灰色区域指的是圆极化电场成功去除钉扎螺旋波的范围，其电场强度 $E_0=1.8$，电场频率 $\omega_e=3.6\omega_s$。黑色的点线对应着图 4.15 中所选取的激发区域[149]

## 4.6 小结

在本章节，我们研究了圆极化电场下，远场激发去除钉扎螺旋波的机制。通过研究表明，相比匀强电场，圆极化电场能够更好地去除钉扎螺旋波。具体体现在以下三个方面：首先是圆极化电场作用具有更高的去除钉扎螺旋波的成功率，其次是圆极化电场具有更广泛的去除钉扎螺旋波的适用范围，最后是圆极化电场去除钉扎螺旋波所需的电场强度更小。而圆极化电场作用具有这些优势都归功于它独有的特性，即圆极化电场作用下产生的膜电势分布如同中国古代的太极图，也就是其去极化区域与超极化区域都有着“Head”和“Tail”两个部分，而且膜电势的分布与旋转的圆极化电场同步旋转，这个非常有利于去除钉扎螺旋波。针对去除钉扎螺旋波的两种机制，圆极化电场都有着一定的优势。对于去极化区域去除钉扎螺旋波的机制，当匀强电场产生的去极化区域处于钉扎螺旋波的未恢复区域而无法激发出波的时候，圆极化电场产生的去极化区域会在下一刻因为旋转而远离未恢复区域，从而可以激发出波进行正常的去除钉扎螺旋波，加之对应于去极化区域的“Tail”的激发波部分可以更好地离开缺陷，最终形成一个自由旋转的螺旋波。另外对于超极化区域去除钉扎螺旋波的机制，当匀强电场产生的超极化区域不处于钉扎螺旋波的钉扎区域而无法去除的时候，圆极化电场产生的超极化区域会在下一刻因为旋转而进入钉扎螺旋波的钉扎区域，从而很好地将它去除钉扎，并且超极化区域的“Tail”又能够进一步将已经去除钉扎的螺旋波驱赶得更远，从而使它不再钉扎在缺陷。而这也解决了匀强电场使去除钉扎的螺旋波又重新钉扎回缺陷的问题。

我们相信圆极化电场作用下的远场激发去除钉扎螺旋波的方法也很容易在真实的心脏实验上得以实现。如同心脏实验装置所加的是匀强电场，我们只需要把两对相互垂直的电极板上原有的直流电换以用交流电就能够得到我们所需的圆极化电场。而在化学反应 BZ 反应中，实验上也已经有装置可以获得所需的圆极化电场。最后我们也是希望这样一个低电压高效率的方法可以为去除心律失常提供一个新的选择。

# 第 5 章　用圆极化电场去除心脏组织中的螺旋波湍流态

在临床上，螺旋波及湍流波所引起的心颤通过采用单个高压电击来使心脏组织全局的电活动被重置的方法来去除。目前，一个可能的替代方法是采用匀强电场的远场激发法，采用一系列低电压匀强电场脉冲作用到心脏组织中，在缺陷周围激发波，进行全局同步心肌来终止心颤。在本章节里，我们将提出使用圆极化电场的远场激发法[153]。我们发现，这种方法可以在缺陷附近形成圆形波列，这样的波列可以向外传播。我们通过研究这些圆形波列的特性，进一步发现，具有较高频率的圆形波列可以有效地抑制螺旋波湍流态。

## 5.1 引言

在心脏组织中，螺旋波及湍流波的存在可能会引起严重的心脏疾病，比如心颤。目前临床上治疗心律失常的方法是采用大电击的方法，但这种方法通常伴随着严重的副作用。除此之外，科研工作者也在理论上做了各种尝试工作，其中一种方法就是采用局部的快速起搏[154-156]。该方法通过在心脏某个很小的区域注入一个周期性的信号，而这些信号会刺激该区域的介质，从而使该区域发射出靶波，继而驱赶湍流波。如图 5.1 是采用局部快速起搏成功去除螺旋波湍流态的例子。如图 5.1(a)所示，在螺旋波湍流态下，局部注入一个周期性的信号，在这个区域附近开始产生靶波，并且这些靶波不断地向外传播。由于产生的靶波的频率大于螺旋波湍流态的本征频率，所以靶波不断地把湍流波赶往边界之外。如图 5.1(b)所示，去除螺旋波湍流态所需的起搏频率是在一定的范围内的。由此可见，虽然该方法可以实现去除螺旋波湍流态，但是它所需的起搏频率比较狭窄，并且对介质假设为一个均匀介质。因而在实际的心脏实验中，它将受到很多的限制[157]。

而另一种现在科研工作者广为研究的是远场激发法去除螺旋波湍流态。如同前面所讲，目前对该方法的研究都是基于匀强电场而言。把匀强电场作用到心脏组织中，可以促使非均匀介质激发波，由于众多非均匀介质的共同作用，使整个心脏组织被激发，从而成功去除心颤。在 2007 年，Pumir 等人就有研究远场激发去除螺旋波湍流态的情况，见图 5.2。给定一个螺旋波湍流态的初始条件，介质中分布着 2 个大缺陷及 6 个小缺陷。该螺旋波湍流态，漫游螺旋波的旋转周期为 $T_s = 110 \sim 115$ms，其频率如图 5.2(c)中的 $S$ 所示，约为 9Hz。远场激发所用的匀

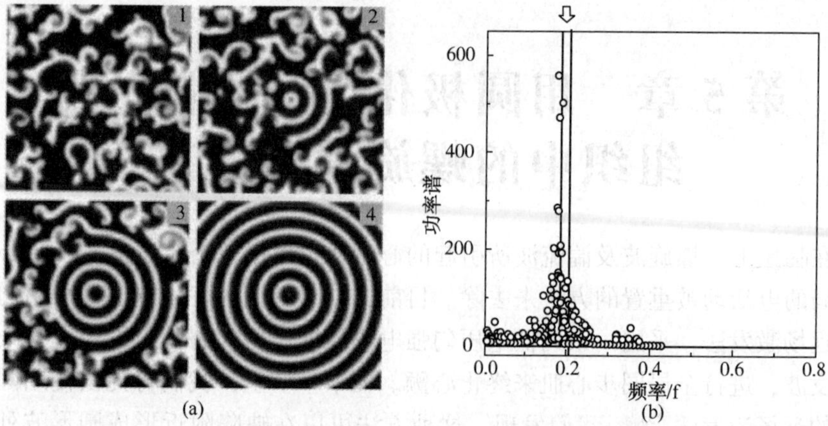


图 5.1　FHN 模型，局部快速起搏去除螺旋波湍流态

(a)信号刺激形成靶波驱赶湍流波。(b)这两条垂直线之间的区域是可以成功地控制湍流的起搏频率[25]

强电场的脉冲间隔为 10ms，其频率约为 10.2Hz，如图 5.3(c)中的 $E$ 所示。也就是此时的电场脉冲频率大于湍流波的频率。由图 5.2，我们可知电场强度影响着产生激发波的情况，而通过图 5.2(a)(b)所示，我们将发现电场强度也影响着去除螺旋波湍流态。对于图 5.2(a)，此时电场强度足够大，其振幅远大于湍流波的振幅，因而它能够正常激发出波，最后同步整个介质，去除湍流波。而对于图 5.2(b)，由于这个时候的电场强度太小，以至于其振幅小于湍流波的振幅，因而产生的激发波没有办法能够成功去除湍流波。

由于远场激发的方法可以促使原本在心脏组织中存在的非均匀介质作为虚拟电极激发波，从而解决了抗心动过速方法必须先找寻一个合适的电极位置再进行去除螺旋波湍流态的一个不足，因而它吸引了更多科研工作者的注意。2011 年，Luther 等人在犬的活体实验上很好地验证了远场激发去除心颤，这让人们对该方法又有了进一步地认识。见图 5.3，在初始情况下，心房颤动即存在湍流波。在 $t=0$ 时，加以匀强电场脉冲作用，由于电场作用，整个介质都被同步激发起来，随后心颤被停止。最后见图 5.3，$t=2.258$s 之后，恢复了窦性节律。

为了研究心脏组织受到电场的影响，该研究工作也讨论了匀强电场作用到静息态下的心房及心室的情况，见图 5.4。由此可见，电场强度对于激发有着很大的影响，由图 5.4(b)，更可以总结得到，电场强度越大，激发所需的时间也短，但是当电场强度达到一定值后，其激发所需的时间也趋于不变。并且在电场强度 $E<0.2$V/cm 的情况下，不能够激发出任何波。

匀强电场的远场激发方法能够很好地去除螺旋波湍流态，但是由以上的分析，我们也看到，该方法成功去除心脏组织中的螺旋波湍流态，前提是要同步整个的心脏组织，即整个心脏组织都需要被激发起来。这就需要心脏中每一处都存

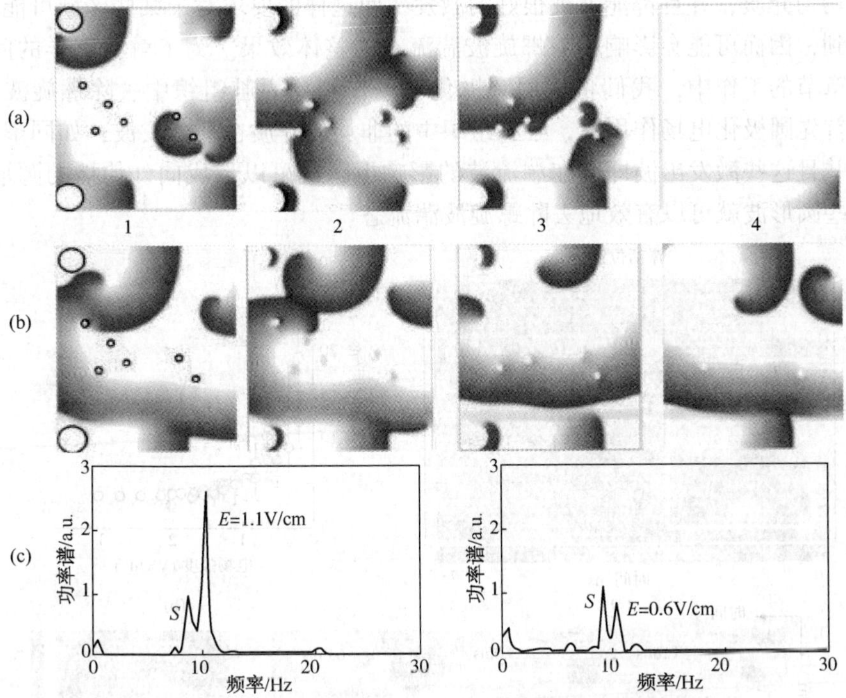


图 5.2　Luo-Rudy 模型，匀强电场作用下的远场激发

(a)去除螺旋波湍流态的成功例子。电场强度 $E=1.1\text{V/cm}$。(b)去除螺旋波湍流态的失败例子。$E=0.6\text{V/cm}$。(c)伪心电图的功率谱。$S$ 指湍流波的振幅大小。$E$ 指所加电场的振幅大小[133]

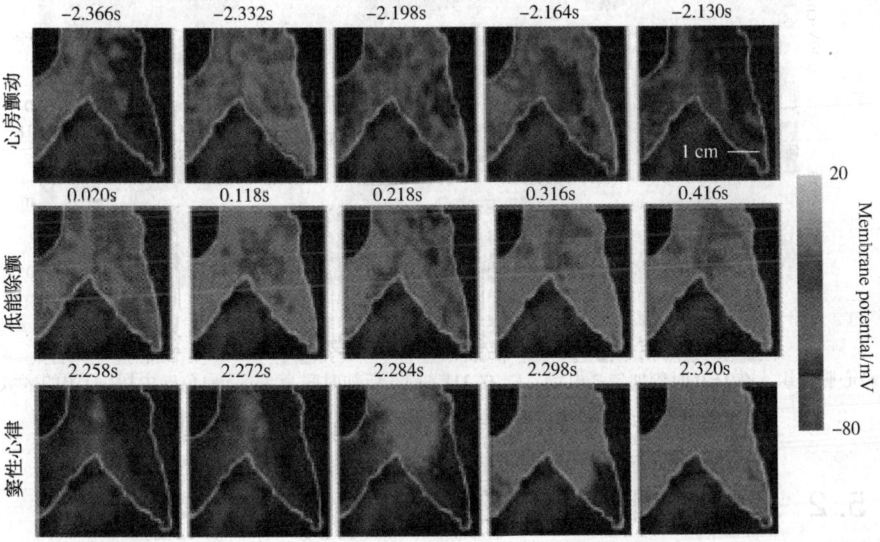


图 5.3　实验上观察到的远场激发去除心房颤动

在 $t=0$ 开始匀强电场脉冲作用，共 5 个脉冲作用，脉冲间隔 $\Delta t=90\text{ms}$。白色的线表明了心房的轮廓[104]

在非均匀介质，并且都能够被很好的激发。而这样的要求对于某些区域可能就难以达到，因而可能会影响去除螺旋波湍流态的整体效果。为了解决这样的问题，在本章节的工作中，我们将采用圆极化电场作用到心脏组织中去除螺旋波湍流态。首先圆极化电场作用下，心脏组织中的非均匀介质也会激发波，如同虚拟电极，并且这些激发出波即使在湍流波的影响下，也可以形成向外传播的圆形波。而这些圆形波就可以有效地去除螺旋波湍流态。

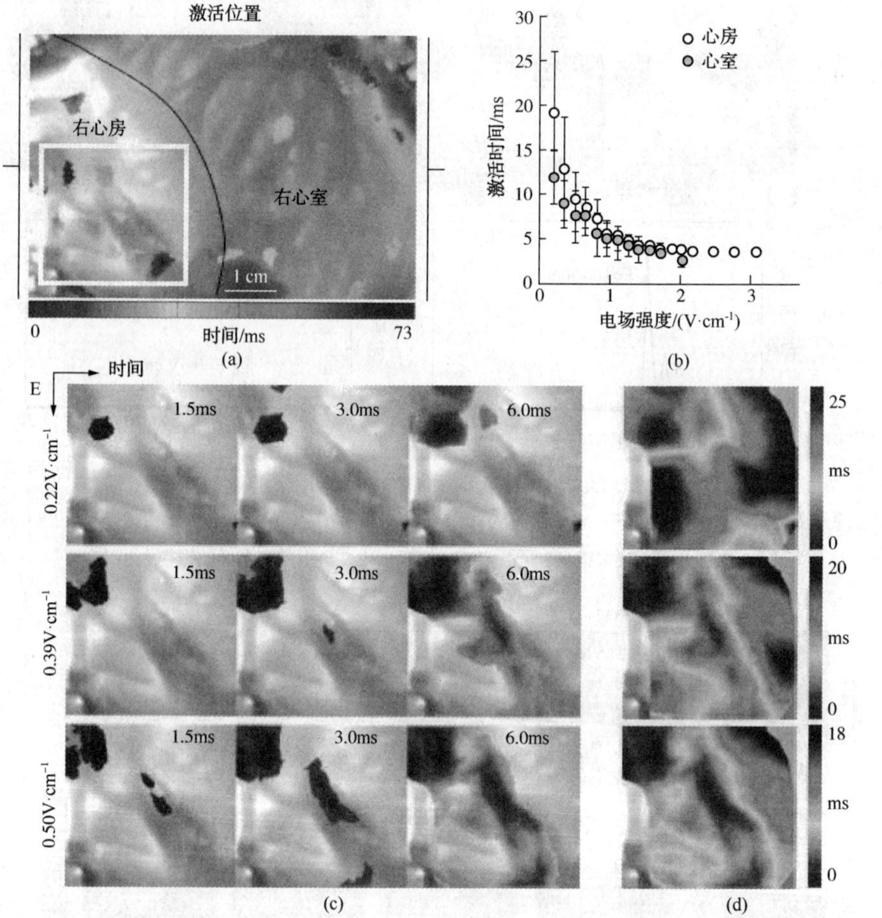


图 5.4　匀强电场对静息态心房及心室的作用

(a) 心脏组织，在 $t=0$ 时刻加匀强电场。$E=0.34\text{V/cm}$，所加时间为 5ms。白色框中指 (c) 中的区域。(b) 电场强度与激发所用时间的关系。(c) 不同电场强度下的激发情况[104]

## 5.2　静息态下圆形波的形成

为了更好的理解圆极化电场去除螺旋波湍流态的机制，我们首先研究了圆极化电场作用下，静息态的膜电势分布及形成圆形波的原理。我们在一个二维静息介质中进行数值模拟，该介质的中心有一个半径为 $R$ 的圆形缺陷。

如图 5.5 所示，是在 Luo-Rudy 模型下得到的图像，此时该介质为可以产生螺旋波湍流态的静息状态。我们发现，如果给定一个固定频率且强度较小的圆极化电场，在缺陷周围产生去极化区域与超极化区域会随着圆极化电场的旋转而旋

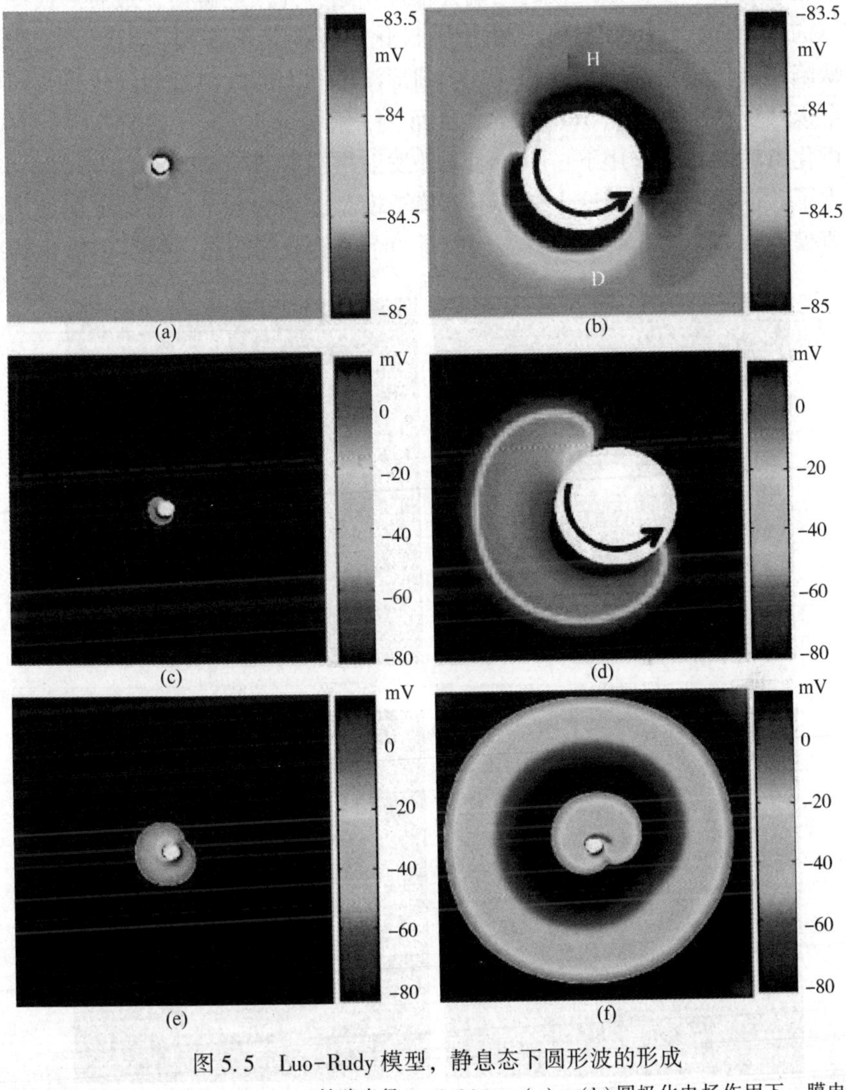


图 5.5　Luo-Rudy 模型，静息态下圆形波的形成

圆极化电场的频率 $\omega_{\mathrm{CPEF}}=0.14\mathrm{rad/ms}$，缺陷半径 $R=0.24\mathrm{cm}$。(a)、(b)圆极化电场作用下，膜电势的分布图，圆极化电场强度 $E_0=0.1\mathrm{V/cm}$。(c)、(d)$E_0=1.0\mathrm{V/cm}$ 时，去极化区域可以激发出波。(e)第一个圆形波的产生。(f)第二个及第三个圆形波。其中图(b)和图(d)分别为图(a)和图(c)的放大图。区域 D 与 H 分别指去极化区域与超级化区域。黑色的旋转箭头代表了圆极化电场的旋转方向[153]

转，其膜电势所形成的图像与中国“古太极图”类似，这个也与我们上一章中介质参数下得到的图像相似，如图 5.5(a)和图 5.5(b)所示。而当电场的强度超过了它的临界域，达到了一定的大小，则此时圆极化产生的去极化区域开始激发出波，如图 5.5(c)和图 5.5(d)所示。这个产生的激发波开始慢慢扩散，其两端分别沿着缺陷传播。由于圆极化电场的旋转，去极化区域也在一直旋转，其产生的激发波也在旋转。因而激发波的两端会很快相遇，并产生碰撞，最后形成一个圆形波，向外传播，如图 5.5(e)。由于圆极化电场的持续作用，当第一个圆形波离开缺陷向外传播之后，紧接着第二个圆形波也马上形成并且向外传播，同样的第三个以及更多，如图 5.5(f)所示。从而，一组圆形波列就这样产生了，并且会在圆极化电场的持续作用下，不断地向外发射出圆形波。

为了验证我们得到的这个结果不依赖于模型，我们在 Bär 模型中也做了同样的数值模拟，如图 5.6 所示。首先选取了一个螺旋波湍流态参数下的静息状态介

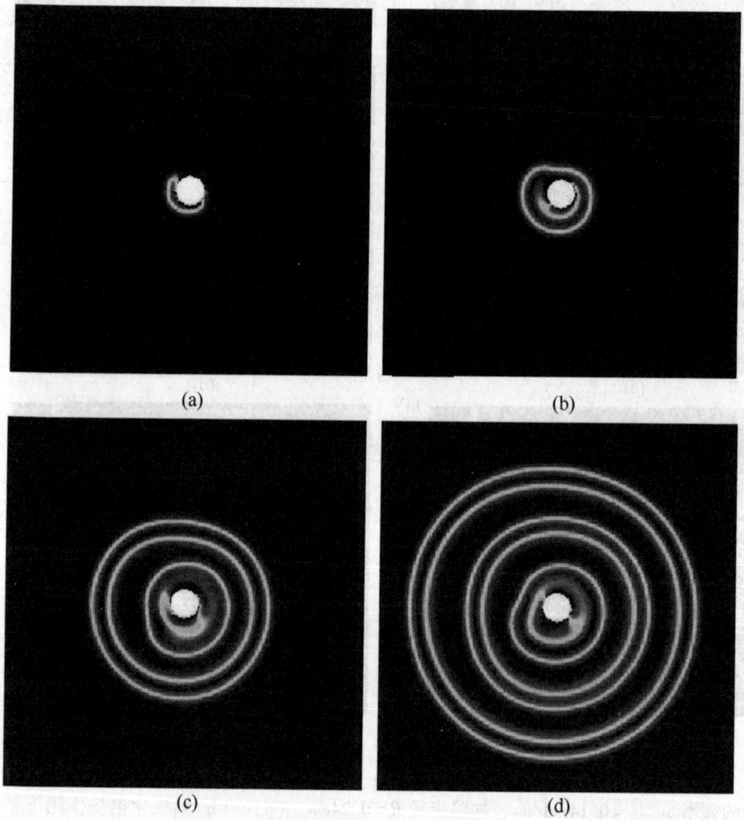

图 5.6 Bär 模型，静息态下圆形波的形成

圆极化电场的频率 $\omega_{CPEF}=2.0$，圆极化电场强度 $E_0=1.5$，缺陷半径 $R=3$。(a)圆极化电场去极化区域激发出的波。(b)第一个圆形波的产生。(c)第一个及第二个圆形波。(d)第二个及第三个圆形波

质，中间有一个圆形缺陷。然后作用一个频率固定的圆极化电场，其电场强度大于其临界域。我们发现在这样的情况下，圆极化电场产生的去极化区域同样可以激发出波，并且随着电场的旋转以及波自身的传播，该激发波最终也会形成一个圆形波。在圆极化电场的作用下，得到一组不断向外传播的圆形波列。因此，我可以总结到，在圆极化电场的作用下，缺陷就像是一个起搏电极，可以不断地向外发射出圆形波，形成一组圆形波列。

## 5.3 圆形波形成的影响因素

该小节，我们以 Luo-Rudy 模型为例，研究静息态下，圆极化电场所产生的这类圆形波会受到缺陷大小，圆极化电场强度及频率的影响。首先我们选取如图 5.7 的圆极化电场频率，分析缺陷大小及电场强度对产生圆形波的影响，主要通过比较圆极化电场作用之后，形成第一个圆形波所需要的时间。其次如图 5.8 所示，我们选取了合适的缺陷大小及圆极化电场强度，来研究圆极化电场与产生的圆形波列之间的频率关系。

### 5.3.1 缺陷及圆极化电场强度影响

为了深入研究圆极化电场作用下形成的圆形波，我们首先着重研究其产生的第一个圆形波的形成时间 $T$ 的情况，这也能够简单有效地反映出圆极化电场作用下形成圆形波列的能力。从图 5.7 可以看出，对于给定频率的圆极化电场的作用，第一个圆形波的形成时间 $T$ 与缺陷的半径 $R$ 及圆极化电场强度 $E_0$ 有关。下面，我们将具体来研究其相互之间的关系。首先给定一个固定的圆极化电场强度，我们发现第一个圆形波的形成时间的倒数$\frac{1}{T}$将随着缺陷半径的增大而改变。如图 5.7(a)所示，先固定一个电场强度 $E_0=1.0\text{V/cm}$，缺陷半径 $R$(能产生靶波)有一个从不能激发出波到激发出圆形波的跃变(即 $R$ 有一个临界值 0.04cm)。在小于这个临界值大小的缺陷，对应的$\frac{1}{T}$为零，也就是在圆极化电场的作用下，这样的缺陷都无法正常的激发出波。而增大缺陷半径 $R$ 的大小，$\frac{1}{T}$开始慢慢减小，但是我们也看到随着 $R$ 的不断减小，$\frac{1}{T}$的减小也慢慢变得平缓。

而另一方面，我们也发现给定一个缺陷半径，$\frac{1}{T}$也将随着电场强度的增大而改变。如图 5.7(b)中，固定缺陷半径的大小 $R=0.24\text{cm}$，我们发现电场强度 $E_0$ 也有一个从不能激发出波到激发出圆形波的跃变(即 $E_0$ 也有一个临界值为 0.45V/cm)。

若小于这个临界值的电场强度，则$\frac{1}{T}$为零，不足以激发产生靶波，因为此时的电场强度太小，而不足以使产生的去极化区域达到激发阈值。而大于这个临界值后，随着电场强度的增大，形成圆形波的时间越快，相对应$\frac{1}{T}$开始慢慢增大。而当电场强度达到一定值之后，[如图 5.7(b)，$E_0=0.85\text{V/cm}$]，$\frac{1}{T}$趋于一个常数，也就是之后圆极化电场强度的增大将不再对圆形波的形成造成更多的影响。

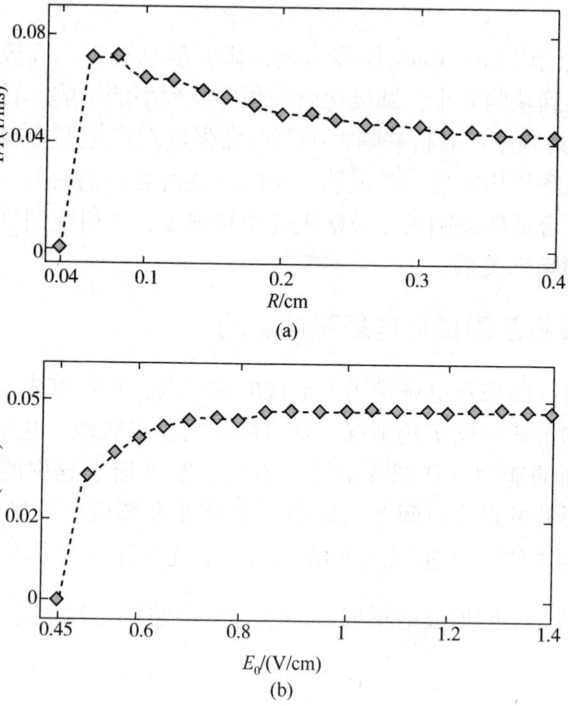


图 5.7 Luo-Rudy 模型，静息态下圆极化电场作用后第一个圆形波形成的时间 $T$

(a)$\frac{1}{T}$与缺陷半径之间的关系，此时圆极化电场强度 $E_0=1.0\text{V/cm}$。(b)$\frac{1}{T}$与圆极化电场强度之间的关系，此时缺陷半径 $R=0.24\text{cm}$。(a)和(b)中的圆极化电场频率都为 $\omega_{\text{CPEF}}=0.14\text{rad/ms}$[153]

### 5.3.2 圆极化电场频率影响

从以上的分析中，在圆极化电场频率固定的情况下，只要缺陷大小及电场强度合适，圆形波就可以被不断激发出来，并向外传播，并且该圆形波列也有属于它自己的传播频率 $\omega_{\text{cir}}$。由于圆形波列是由圆极化电场作用下激发出来的，所以它的传播频率也依赖于圆极化电场的频率。接下来，我们将重点学习圆极化电场频率与激发出的圆形波列的频率之间的关系，具体如图 5.8 所示。

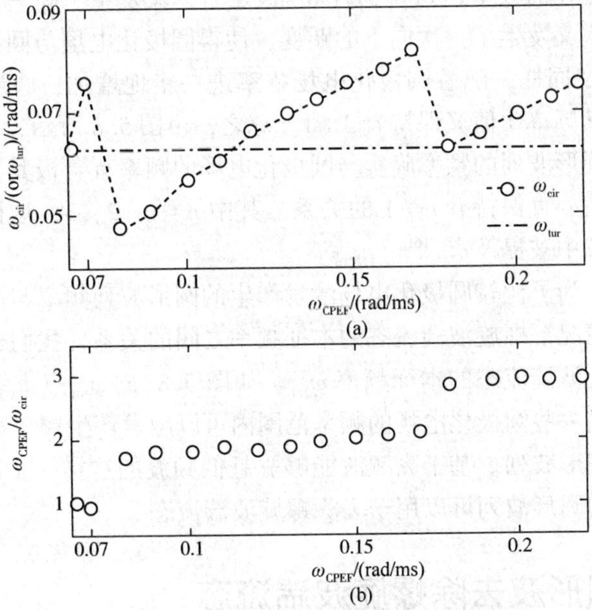


图 5.8 Luo-Rudy 模型，静息态下圆极化电场频率与激发出的圆形波列的频率之间的关系
(a)缺陷半径 $R=0.24$cm，圆极化电场强度 $E_0=1.0$V/cm，圆极化电场频率 0.065rad/ms≤0.22rad/ms。$\omega_{cir}$带实心点的虚线指激发产生的圆形波的频率。$\omega_{tur}$虚线指在同样的介质参数及同样点缺陷情况下螺旋波湍流态的本征频率。(b)圆极化电场与圆形波列频率比对应于(a)中的数据[153]

为了研究激发产生的圆形波列的频率是否与圆极化电场的作用有着密切的联系，我们选取圆极化电场频率从 0.065rad/ms 开始不断增大，观察其产生的圆形波列的频率变化，如图 5.8(a)所示。我们选取 0.065rad/ms 作为一个最小值，是因为当圆极化电场频率小于这个值的时候，就无法激发出一列稳定的圆形波。若圆极化电场的频率就是 0.065rad/ms 的时候，稳定的圆形波列就可以被激发出来了，并且其圆形列的频率 $\omega_{cir}$ 基本与圆极化电场的频率 $\omega_{CPEF}$ 相等，也就是其比值 $\frac{\omega_{CPEF}}{\omega_{cir}}$ 为 1 : 1，如图 5.8(b)所示。但是当圆极化电场频率大于 0.07rad/ms 的时候，其圆形波列的频率开始向下跃变[如图 5.8(a)]，从而使得 $\frac{\omega_{CPEF}}{\omega_{cir}}$ 不再是 1 : 1，而变成了 2 : 1[如图 5.8(b)]。追其原因，我们发现该频率下，圆极化电场旋转过快，以至于在形成了第一个圆形波之后，介质还没来得及恢复到激发状态，因此圆极化电场产生的去极化区域无法正常激发出新的波直到介质恢复到可激发状态，因而其频率比值就变成了 2 : 1。

由图所示，我们进一步发现，增加圆极化电场的频率，所激发产生的圆形波

列的频率又开始慢慢增加，且圆极化电场一直也与之保持着大约 2 : 1 的频率比。但是当圆极化电场的频率达到 0.017rad/ms 之后，又发生了新一轮的变化。此时圆形波列的频率又发生了一次向下的跃变，使得圆极化电场与圆形波列的频率比值变为了 3 : 1。同样，随着圆极化电场频率进一步地增加，圆形波列的频率又会增加，但是其频率比值又保持着 3 : 1。总之，由图 5.8 所示，圆极化电场作用下激发产生的圆形波列的频率确实与圆极化电场的频率有着极其重要的联系，其两者之间的比值一直保持着 $n:1$ 的关系，其中 $n=1$，2，3，这种特殊的比值关系也在很多文章中被提及[158-161]。

除此之外，为了比较圆极化电场激发产生的圆形波列频率与同样的介质参数及同样的缺陷情况下螺旋波湍流态的本征频率之间的关系，我们也数值模拟求得了该情况下螺旋波湍流态的本征频率 $\omega_{tur}$。如图 5.8(a) $\omega_{tur}$ 点虚线所示。由此我们可以知道，在一些圆极化电场的频率范围内可以激发产生频率高于螺旋波湍流态本征频率的圆形波列。基于高频波能够驱赶低频波的这样一个理论[162-169]，我们猜测该高频的圆形波列可以用于去除螺旋波湍流态。

## 5.4 圆形波去除螺旋波湍流态

为了验证以上猜测，我们将采用一列频率高于螺旋波湍流态本征频率的圆形波来进行去除螺旋波湍流态，并观察其去除情况。首先 Luo-Rudy 模型下，我们数值模拟得到一个螺旋波湍流态的初始条件，其介质中间有一个圆形的缺陷，半径 $R=0.24$cm，如图 5.9(a)所示，其螺旋波湍流态的本征频率与图 5.8(a)中的螺旋波湍流态本征频率 $\omega_{tur}=0.0623$rad/ms 相同，令此刻 $t=0$，并在该时刻开始加入圆极化电场作用。

我们选取圆极化电场强度 $E_0=1.0$V/cm，频率 $\omega_{CPEF}=0.14$rad/ms，此时可以激发产生一列频率高于螺旋波湍流态本征频率的圆形波列，其圆形波的频率为 $\omega_{cir}=0.0756$rad/ms，约为圆极化电场频率的$\frac{1}{2}$。当在圆极化电场的作用下，缺陷周围开始产生去极化与超极化现象，去极化区域开始激发出波。由于缺陷周围的湍流波的影响，激发产生的波没有像在静息态下那样很容易地形成圆形波。但是我们所采用的圆极化电场是旋转的，随着产生的激发波与湍流波之间的相互作用，圆极化电场可以自行地找寻合适的位置及时间点，促使圆形波正常形成。如图 5.9(b)，我们可以看到第一个完整的圆形波形成了，并且它开始慢慢向外传播。由于其不断地向外传播，则周围的湍流波不断地驱赶到远离缺陷的地方。于是缺陷周围更加容易被激发形成圆形波，如同在静息态下一般，周而复始，介质中剩下的湍流波也越来越少，如图 5.9(c)。最后介质中所有的湍流波都被驱赶

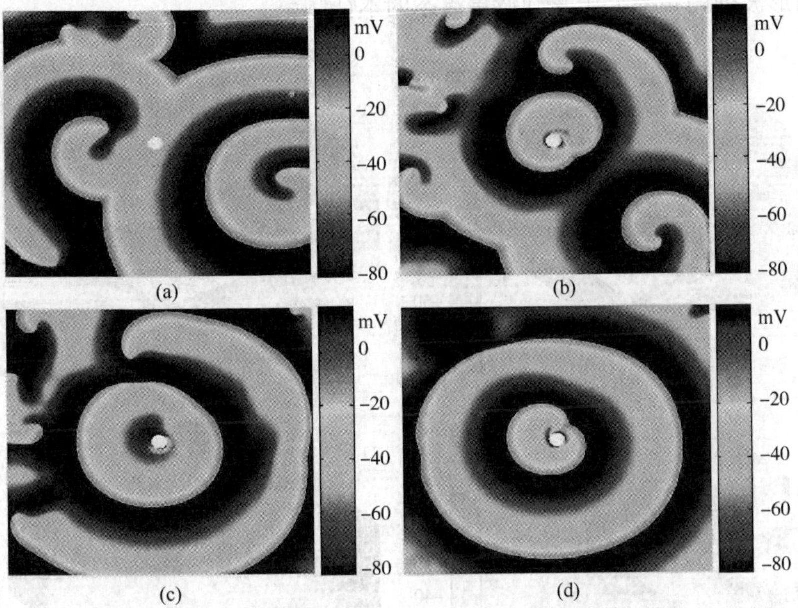


图 5.9　Luo-Rudy 模型，圆极化电场去除螺旋波湍流态

缺陷半径 $R=0.24$cm，螺旋波湍流态的本征频率与图 5.8(a) 中的相同。

圆极化电场强度 $E_0=1.0$V/cm，圆极化电场频率 $\omega_{CPEF}=0.14$rad/ms。

(a) 圆极化电场从 $t=0$ 时刻开始作用。(b) $t=1000$ms。(c) $t=1800$ms。(d) $t=2800$ms[153]

出去，只剩下了由于圆极化电场诉激发产生的圆形波，如图 5.9(d)。如果我们把圆极化电场停止，介质将彻底恢复到静息状态，不再有湍流波的存在。

我们说对于真实心脏系统，它是三维系统，因此我们也简单做了三维的数值模拟工作，如图 5.10 所示。因此，我们可以总结得到，圆极化电场可以成功去除螺旋波湍流态，只要激发产生的圆形波列的频率大于螺旋波湍流态的本征频率。

为了验证是否所有频率高于螺旋波湍流态的圆形波都可以用于去除螺旋波湍流态，我们又数值模拟了进行了一系列的工作。最后我们发现只要 $\omega_{cir}>\omega_{tur}$，都能够找到圆形波成功去除螺旋波湍流态的例子。另外，为了验证模型的不依赖性，我们也用 Bär 模型进行了进一步的研究。同上，我们首先数值模拟得到了一个螺旋波湍流态的初始条件如图 5.11(a)，其中间有一个圆形缺陷。我们把圆极化电场作用到介质中，该圆极化电场能够激发产生出频率高于螺旋波湍流态本征频率的圆形波列。由于电场作用，缺陷周围开始激发出波，并随着圆极化电场持续的作用，圆形波开始不断地形成，并且向外传播，驱赶着介质中的湍流波，最后介质中的湍流波被全部驱赶，只留下了圆极化电场作用产生的圆形波列。因此，我们可以总结得到，圆极化电场可以成功去除螺旋波湍流态，只要它激发产生的圆形波列的频率大于螺旋波湍流态的本征频率。

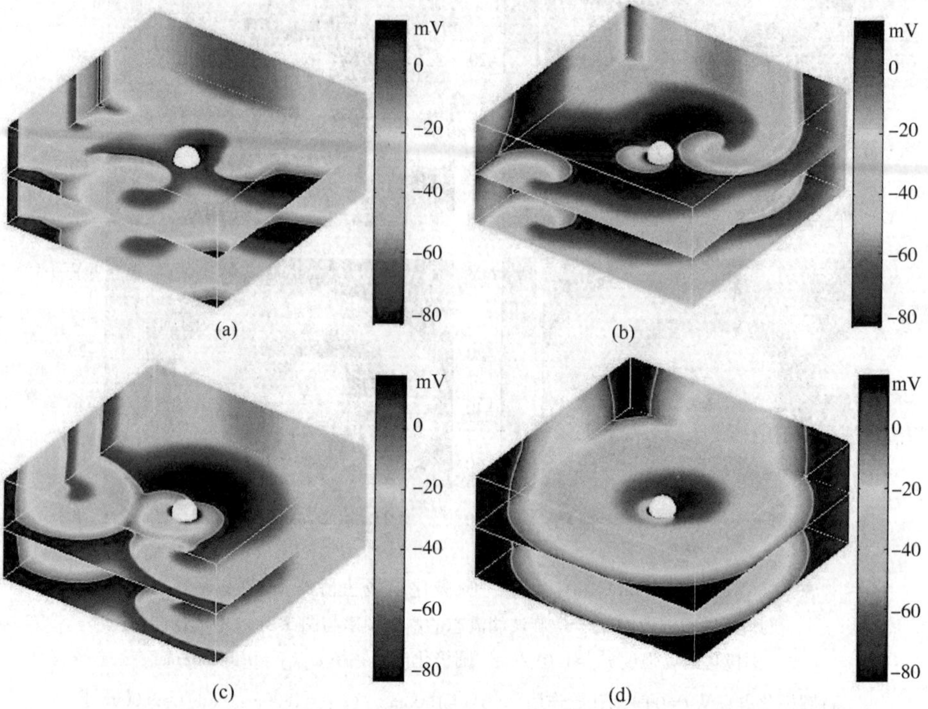


图 5.10　Luo-Rudy 模型，圆极化电场去除三维卷波湍流态

缺陷半径 $R=0.24\text{cm}$。圆极化电场强度 $E_0=1.8\text{V/cm}$，圆极化电场频率 $\omega_{\text{CPEF}}=0.14\text{rad/ms}$。

(a)圆极化电场从 $t=0$ 时刻开始作用。(b)$t=650\text{ms}$。(c)$t=890\text{ms}$。(d)$t=1100\text{ms}$[153]

## 5.5　圆极化电场去除螺旋波湍流态的机制

在本小节，我们将讨论研究圆极化电场激发产生的高频圆形波成功去除螺旋波湍流态的机制。从以上的各种分析，我们可以简单把这个成功去除螺旋波湍流态的原因归结于圆极化电场作用，使得缺陷周围的膜电势分布产生变化，形成了去极化区域与超极化区域。由于这两个区域是随着圆极化电场同步旋转的，因而缺陷周围每一处都将会受到这两者交替式的作用。

下面，我们将具体来讨论圆极化电场激发产生的去极化区域与超极化区域对缺陷周围膜电势的影响。我们选取的圆极化电场与图 5.9 中一样，其电场强度 $E_0=1.0\text{V/cm}$，电场频率 $\omega_{\text{CPEF}}=0.14\text{rad/ms}$。我们观察在圆极化电场作用下，静息态中缺陷周围膜电势的变化情况，例如在图 5.12 所示。

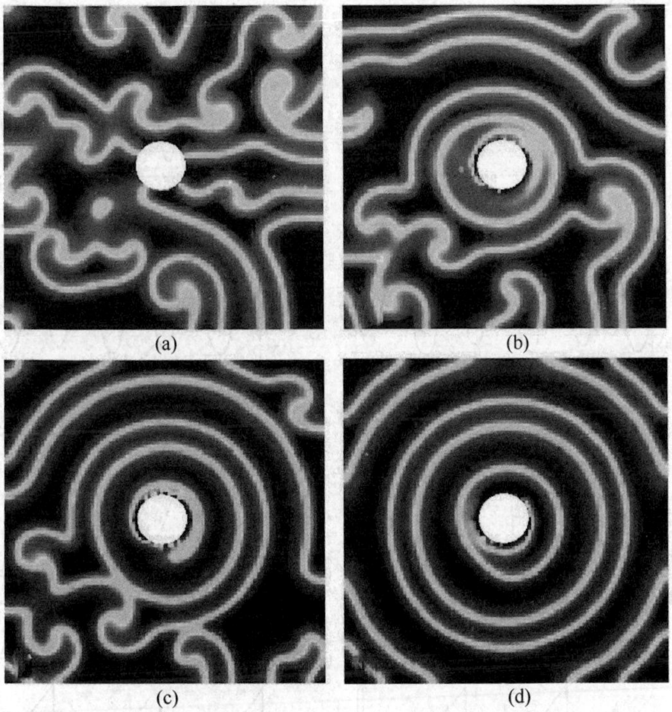


图 5.11　Bär 模型，圆极化电场去除螺旋波湍流态

缺陷半径 $R=3$，螺旋波湍流态的本征频率与图 5.8(a)中的相同。圆极化电场强度 $E_0=1.5$，圆极化电场频率 $\omega_{\text{CPEF}}=4$。(a)圆极化电场从 $t=0$ 时刻开始作用。(b)$t=190$。(c)$t=220$。(d)$t=380$

图 5.12　静息态中缺陷边界的膜电势 V1～V6 的选取

V1，V4 位于缺陷边界处，V2，V5 位于缺陷边界附近，V3，V6 远离缺陷边界处[153]

首先我们来缺陷边界上膜电势 V1 的变化。由于圆极化电场的作用，V1 由于处于去极化区域，因而被激发到激发状态。作为一个可激发介质的激发情况，当被激发起来之后，它将经过一个弛豫过程，慢慢地再次恢复到可激发状态。但是由于此刻圆极化电场的旋转作用，使得超极化区域也对 V1 处造成影响，因而迫使 V1 提前恢复到了可激发状态，因而对于下一个去极化区域的影响，V1 能够更好被激发，如图 5.13(a)中 V1 所示。由该图，我们可以清晰地看到膜电势 V1 交替受到去极化与超极化作用后的变化，并且其变化基本上与此处所受到的圆极化电场的作用相同步。由于 V1 受到去极化影响被激发，因而它也会慢慢地向外扩散，位于附近的膜电势 V2 受到了直接的影响。

由图 5.13(a)中 V2 的变化所示，V1 的每一次激发都会刺激 V2 也被激发，

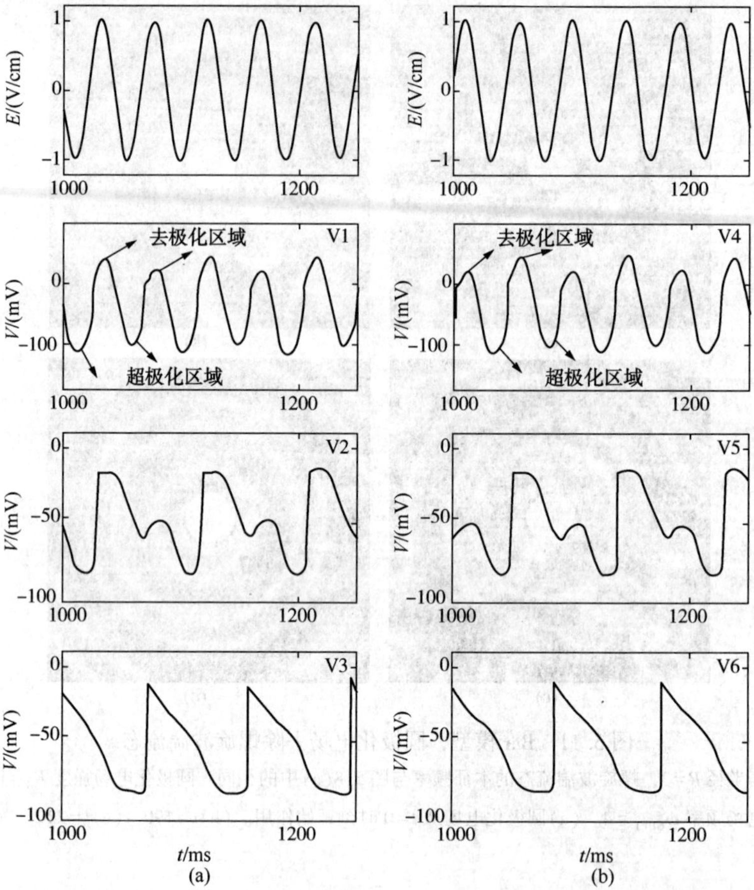


图 5.13 Luo-Rudy 模型，圆极化电场作用下，膜电势的变化情况

(a)圆极化电场及膜电势 V1～V3 的变化。(b)圆极化电场及膜电势 V4～V6 的变化。

圆极化电场强度 $E_0 = 1.0\text{V/cm}$，圆极化电场频率 $\omega_{CPEF} = 0.14\text{rad/ms}$。

图中箭头为去极化与超极化对缺陷附近区域膜电势的影响[153]

但是由于 V1 的每次激发并不是都能够达到理想的激发状态，因而其向外传播就受到了影响，如果其激发力度不够强大，就无法被传播出去。以至于只有 V1 被激发起来达到理想激发状态的情况才可能被传播出来最终也使得 V2 达到最大激发状态。而没有达到理想激发状态的则被弱化，如图所示无法再次激发。同样 V2 被激发之后也向外继续扩散，而膜电势 V3 也完全受到了 V2 的影响，周期性的被激发(也可以说就是一列圆形周期波)。由于此刻去极化区域与超极化区域旋转两圈才激发出一个圆形波，因而测量所得的圆形波列的频率 $\omega_{cir} = 0.072\text{rad/ms}$，而此频率也远大于了同样情况下的螺旋波湍流态的本征频率。因此，由圆极化电场激发产生的这样一列高频率的圆形波可以被用于去除螺旋波湍流态。

以上，我们讨论了圆极化电场成功去除螺旋波湍流态，以及圆极化电场为什么能够激发出高频圆形波列的原因。其实，不仅是圆极化电场能够激发产生圆形波，静息态下，匀强电场脉冲作用也同样能够激发出圆形波。如图 5.14 是静息态下数值模拟得到的匀强电场脉冲作用下得到的圆形波列。由图可见，在匀强电场的作用下，缺陷附近也能够激发出波形成圆形波列。但是从图 5.14(b)，我可以看到，匀强电场产生的去极化区域激发出的波成半圆形，分布在缺陷的半边。这主要是由于弱电场情况下，如同图 4.8(b)和图 4.8(d)，其膜电势分布，去极化区域和超极化区域对半，均匀静态地分布在缺陷的两边，成偶极子形状。而当电场足够大时，其去极化区域激发出波，该波由于扩散作用，最终其两端相碰形成了圆形波，而对于圆极化电场激发出的波，由于它仍然随着圆极化电场在旋转，所以它是由于旋转以及扩散两者的作用促使波的两端相碰形成圆形波的。

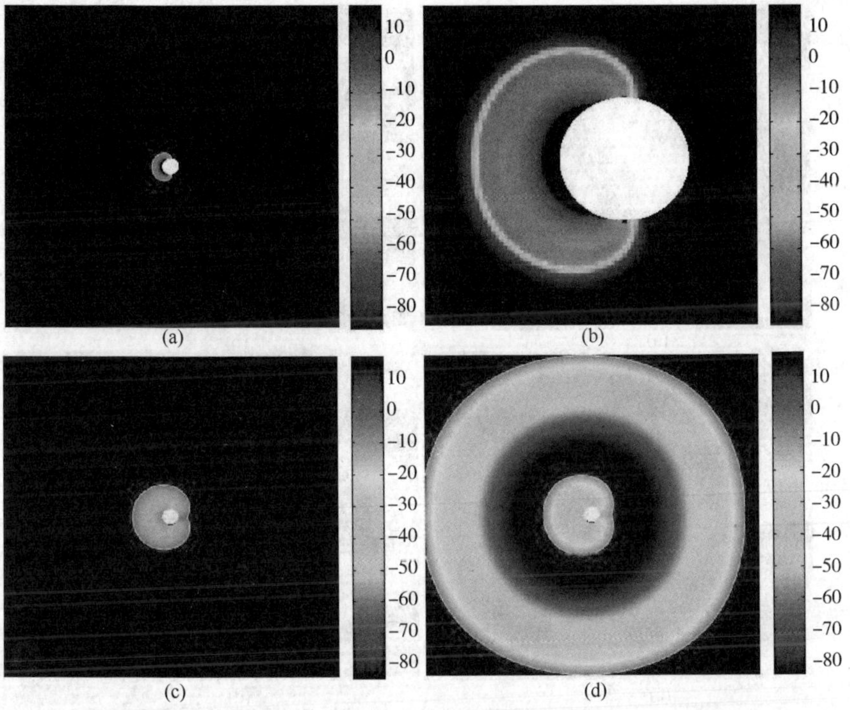


图 5.14　Luo-Rudy 模型，匀强电场脉冲激发产生的圆形波列

匀强电场强度 $E_0=1.0\text{V/cm}$，脉冲频率 $\omega_{\text{UEF}}=0.14\text{rad/ms}$，脉冲间隔 10ms。(a)-(b)去极化区域激发出波。(b)为(a)的放大图。(c)第一个圆形波的产生。(d)第二个圆形波及第三个圆形波的形成

因此，虽然两种电场作用下都可以在缺陷附近形成圆形波，但是仍然存在区别。而正是由于这种区别，使得匀强电场作用下激发产生的圆形波列无法用于成功去除螺旋波湍流态。具体如图 5.14 所示，我们同样的介质参数下的湍流波作

为初始条件来进行研究，是否匀强电场激发产生的圆形波列能够用于去除螺旋波湍流态。但是我们发现在缺陷附近湍流波的干预下，始终难以形成完整的圆形波。所以在这种情况下(只有一个缺陷)，匀强电场无法通过在缺陷附近激发产生圆形波列来进行去除螺旋波湍流态。为了验证是否匀强电场作用下都不能在螺旋波湍流态中产生圆形波列，我们进行了大量的数值模拟。通过选取大量不同的初始湍流波作为初始条件，并且改变匀强电场脉冲的强度以及脉冲频率，但是我们所做的结果显示这种情况下，匀强电场的作用都无法去除螺旋波湍流态。究其原因，我们针对在螺旋波湍流态中，匀强电场作用无法在缺陷附近形成圆形波的现状进行了分析，并做了以下的解释。首先针对图 5.15，匀强电场去除螺旋波湍流态失败的情况，我们对匀强电场作用下，介质的膜电势变化进行了分析，如图 5.16 所示。

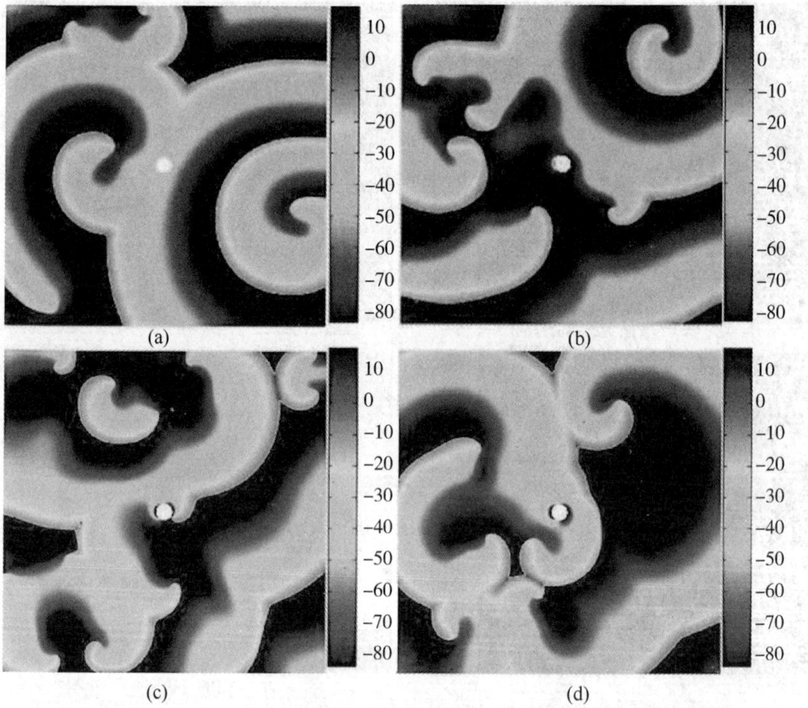


图 5.15　Luo-Rudy 模型，匀强电场去除螺旋波湍流态

缺陷半径 $R=0.24\text{cm}$，螺旋波湍流态的本征频率与图 5.8(a)中的相同。

匀强电场强度 $E_0=1.0\text{V/cm}$，电场脉冲频率 $\omega_{\text{CPEF}}=0.14\text{rad/ms}$，电场脉冲间隔 10ms。

(a)匀强电场从 $t=0$ 时刻开始作用。(b)$t=1000\text{ms}$。(c)$t=2000\text{ms}$。(d)$t=3000\text{ms}$

对于缺陷边界上膜电势 V1 的变化，我们此时匀强电场作用下的去极化区域同样可以被激发起来达到激发状态，但是由于此时的匀强电场是不旋转的，所以该区域的膜电势没有受到其超极化区域的抑制作用，因而 V1 还要经历一个自我

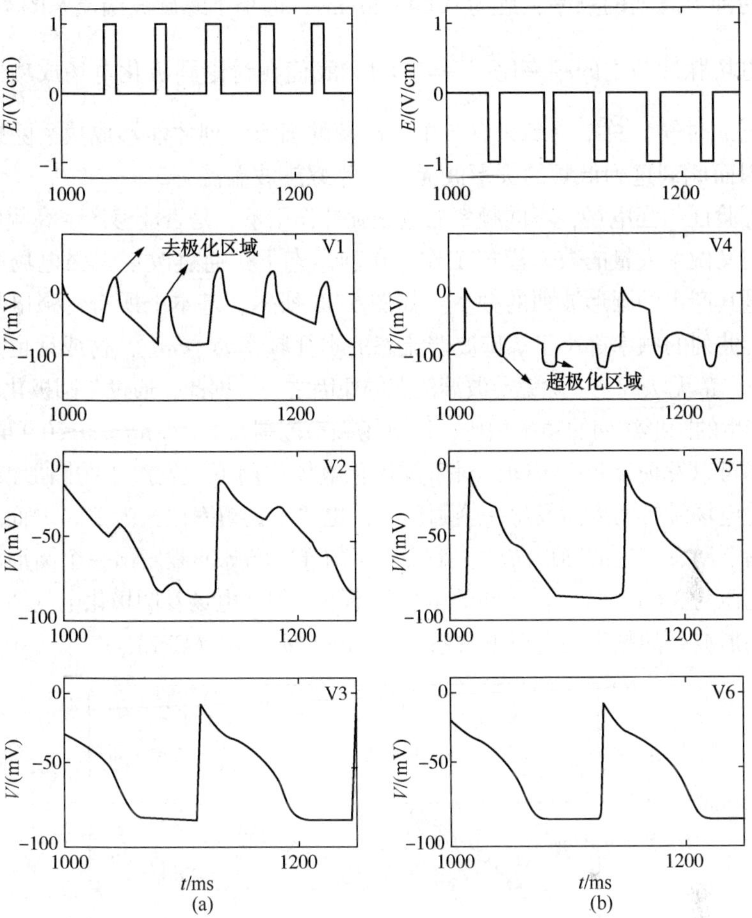


图 5.16 Luo-Rudy 模型，匀强电场脉冲作用下，膜电势的变化情况

(a)匀强电场脉冲及膜电势 V1~V3 的变化。(b)匀强电场脉冲及膜电势 V4~V6 的变化。

匀强电场强度 $E_0=1.0\text{V/cm}$，匀强电场频率 $\omega_{CPEF}=0.14\text{rad/ms}$。

红色箭头为去极化与超极化对缺陷附近区域膜电势的影响[153]

的恢复过程。虽然该处的膜电势变化仍然与匀强电场同步，但是由于它自身未能够恢复，所以受到电场的激发仍然受到了影响，如图 5.16(a)中 V1 所示，不是每一个激发都能达到理想状态。而正是由于激发波被激发起来的强弱问题，直接影响了其下一步向外传播的情况。其中没有达到理想激发状态的激发则无法被正常向外传播，所以在 V2 中，我们可以看到每三个激发只有一个被正常地向外传播了，其余两个都被弱化，无法传播，更清楚地可以从 V3 的变化看出。而对于缺陷另一边的膜电势 V4 的变化中，我们可以知道该处的膜电势只受到匀强电场的超极化区域的作用，因而每一个脉冲都会造成一个抑制作用，该处无法激发出波。但是由于去极化区域所激发出波的扩散传播，该处也会定期被激发。计算激发产生的圆形波列的频率，约为 0.047rad/ms，远小于螺旋波湍流态的本征频率，其匀强电场脉冲与之的频率比$\dfrac{\omega_{\mathrm{UEF}}}{\omega_{\mathrm{cir}}}=3:1$。我们在讨论圆极化电场成功去除螺旋波湍流态的时候，总结得到只有产生的高频的圆形波列才能够成功去除螺旋波湍流态，因而此刻这列低频的圆形波无法去除螺旋波湍流态。

为了验证匀强电场，不同频率的电场脉冲作用下，是否能够产生高频的圆形波列，我们又做了大量的数值模拟工作。在静息态下，通过改变匀强电场脉冲的频率，测量其产生的圆形波列的频率。如图 5.17 所示，基本上所有匀强电场激发产生的圆形波列的频率都小于螺旋波湍流态的本征频率 $\omega_{\mathrm{cir}}<\omega_{\mathrm{tur}}$，这或许也是匀强电场作用下，都无法成功去除螺旋波湍流态的原因之一。据此，通过与圆极化电场作用下激发产生的圆形波列的频率相比，以电场频率范围 $0.13\mathrm{rad/ms}\leqslant\omega\leqslant0.17\mathrm{rad/ms}$ 为例，我们可以发现该频率区间，对于圆极化电场作用下激发产生的圆形波列而言，是圆极化电场旋转两周激发出一个圆形波，也即是其频率比值为 2∶1。而对于匀强电场作用下激发产生的圆形波列，是每三个匀强电场脉冲激发出一个圆形波，所以其频率比值为 3∶1。从而在相同的电场频率下，匀强电场及圆极化电场两者所激发产生的圆形波列的频率旬有以下关系 $\omega_{\mathrm{cir}}(\mathrm{UEF})<\omega_{\mathrm{tur}}<\omega_{\mathrm{cir}}(\mathrm{CPEF})$。

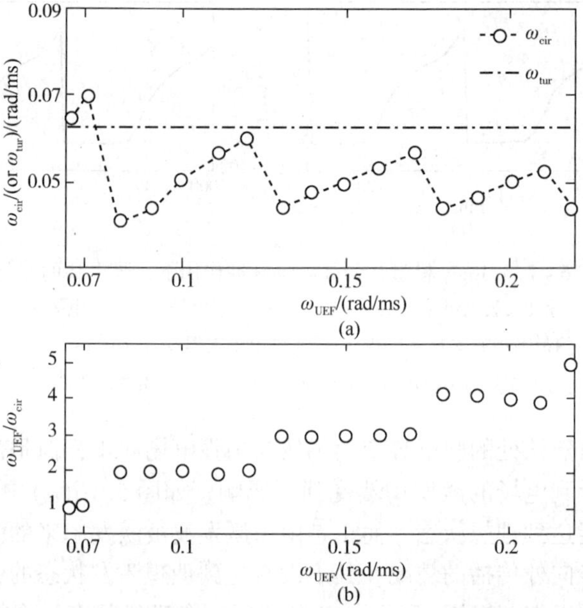


图 5.17　Luo-Rudy 模型，静息态下匀强电场脉冲频率与激发出的圆形波列的频率之间的关系 (a) 缺陷半径 $R=0.24\mathrm{cm}$，匀强电场强度 $E_0=1.0\mathrm{V/cm}$，匀强电场脉冲频率 $0.065\mathrm{rad/ms}\leqslant0.22\mathrm{rad/ms}$。脉冲间隔 10ms。$\omega_{\mathrm{cir}}$ 带实心点的虚线指激发产生的圆形波的频率。$\omega_{\mathrm{tur}}$ 点虚线指在同样的介质参数及同样的缺陷情况下螺旋波湍流态的本征频率。(b) 匀强电场与圆形波列频率比对应于 (a) 中的数据[153]

当然在图 5.17(a)中，我们也发现，当匀强电场脉冲频率 0.07rad/ms 的时候，其激发产生的圆形波列的频率与之比值为 1∶1，即其频率为 $\omega_{cir}=0.07\mathrm{rad/ms}$，略大于螺旋波湍流态的频率。但是通过验证，我们发现同样的电场频率作用到螺旋波湍流态下，则缺陷附近不能够形成完成的圆形波，因而无法成功去除钉扎螺旋波。

因此，我们又进一步对其进行了分析解释，我们认为匀强电场作用，螺旋波湍流态下无法形成圆形波的原因不仅仅是由于其频率太低，还主要由于匀强电场作用下，其去极化区域与超极化区域是不旋转的。我们说圆形波是由于电场的去极化区域激发产生，那么此时在缺陷附近产生的波处于一个固定的位置。其实从图 5.16 中，我们也可以看到，膜电势的变化的情况，只有 V1 是受到匀强电场作用产生的去极化影响而被激发，而 V4 的激发则完全不一样，它是由于 V1 激发之后的向外传播而受到的激发。相反地，对于圆极化电场，其去极化区域与超极化区域都是旋转的，因而激发波产生的位置是任意的，也就是缺陷上的每一处都是对称的，在去极化旋转到适合激发的合适位置时，都有可能被激发产生激发波，并向外传播。这个也可以从图 5.13 中得出，膜电势 V1 的变化与 V4 的变化是相同的，只是有一个相位差的存在。故而，圆极化电场作用下，螺旋波湍流态中也能有效地形成圆形波列，继而成功去除螺旋波湍流态。

所以，虽然匀强电场作用下，静息态情况也能够激发产生圆形波列，但是在螺旋波湍流态情况下却不能够，也就是说匀强电场不能如同我们本章所介绍的圆极化电场的作用机制来成功地去除螺旋波湍流态。从而我们也可以简单地总结得到圆极化电场之所以能够成功去除螺旋波湍流态的原因，首先是由于圆极化电场是旋转的，使得激发波可以适时地被激发，继而形成圆形波；其次是产生的圆形波能够去除螺旋波湍流态必须具有高于螺旋波湍流态的频率。

## 5.6 小结

本章节，我们主要研究了圆极化电场作用下，缺陷附近激发产生的圆形波列的特性，且该圆形波列的产生与圆极化电场的强度及频率息息相关，并且与缺陷大小也有着一定的关系。特别是该圆形波列的频率与圆极化电场的频率有着直接的联系，即圆形波列的频率一直是圆极化电场频率的$\frac{1}{n}$。基于这样特殊的圆形波列的产生，我们对其进行了研究，并且发现对于一列高频的圆形波，它可以被用于去除螺旋波湍流态。并且通过匀强电场在相同情形下的比较，总结得到了圆极化电场成功去除螺旋波湍流态的简单机制。

圆极化电场去除螺旋波湍流态也将对于心脏研究提供一种新的去除心颤的方法。但是以上，我们都是数值模拟的发现及一些简单的分析，如果该方法是可行性的，我们也希望在实验上能够得到实现。对于这样的实验，我们也可以参照心脏实验装置，把其中两对相互垂直的电极板上原有的直流电换以用交流电就可以进行我们的实验。当然对于圆极化电场控制螺旋波湍流态的应用，早在化学实验中已经得到了实现。因此我们认为应用圆极化电场在心脏临床治疗方面将有很大的应用价值。而对于其更多的研究，包括使用 bi-domain 模型或者实际心脏模型，我们也将在进一步的工作中呈现。

# 第6章　用圆极化电场去除心脏组织中的钉扎回卷波

心脏实验研究表明，某些类型的心律不齐(如心动过速和心颤)的产生与心脏系统中自组织形成的螺旋波和回卷波密切相关。基于最近提出的远场激发新机制，我们系统地研究了直流脉冲电场、交流电场和圆极化电场对三维心脏组织中回卷波去钉扎的作用[170]。研究发现，只有在圆极化电场的作用下，回卷波的去钉扎才能成功。经过分析，发现主要有以下原因：在三维心脏组织的静息态下，三种形式的电场都可以在缺陷处诱导出球面波，但只有圆极化电场诱导出的球面波的频率在一定条件下可以大于钉扎回卷波的频率，因此只有圆极化电场才能成功将回卷波去钉扎。

## 6.1　引言

关于螺旋波去钉扎的大多数研究工作都只考虑了二维(2D)系统，而实际上真实的心脏是一个三维系统。相比二维心脏组织中的螺旋波的去钉扎，三维心脏组织中的回卷波的去钉扎要困难得多。例如，对于二维系统，将钉扎的螺旋波从缺陷上去除后，只要去钉扎之后的螺旋波在该时刻的端点(tip点)与缺陷边界之间的距离大于螺旋波自身core的大小，螺旋波就能一直保持自由旋转，不再重新钉扎回到缺陷上。但是，对于三维(3D)系统，虽然施加合适的电场后，三维回卷波的奇异线可以在缺陷附近发生形变，然后从缺陷上脱离(这个过程类似于2D系统中的螺旋波的去钉扎过程)。然而，如果我们此时停掉电场，那么回卷波奇异线将会在正的线张力作用下被重新拉直，然后再次钉扎回到缺陷上

尽管目前已经有相关的研究小组对3D化学可激发系统中的回卷波的去钉扎进行了研究[171]。但是直到目前，关于3D心脏组织中回卷波的去钉扎的研究工作还很少。在本章中，我们将系统地研究通过外加电场消除三维心脏组织中的钉扎回卷波。这些外加的电场包括直流脉冲电场(PDCEF)，交流电场(ACEF)和圆极化电场(CPEF)，如表6.1和图6.1所示。我们将分别研究在这三种不同外加电场的作用下的远场激发机制。结果表明，虽然这三种不同形式的外加电场都可以在心脏组织的静息态下的缺陷附近诱导出球面波，但只有圆极化电场诱导出的球面波的频率在一定条件下可以大于钉扎回卷波的旋转频率。因此，通过利用圆极化电场诱导出的高频的球面波可以成功去除心脏组织中的钉扎回卷波。

**表 6.1　三种不同形式的外加电场**

| | |
|---|---|
| PDCEF | $E_y=E_0 \quad nT\leqslant t\leqslant nT+0.1$<br>$E_y=0 \quad nT+0.1<t<(n+1)T$<br>$n=0, 1, 2, \cdots; \ T=2\pi/\omega_e$ |
| ACEF | $E_y=E_0\cos(\omega_e t)$ |
| CPEF | $E_x=E_0\cos(\omega_e t)E_y=E_0\cos\left(\omega_e t+\frac{\pi}{2}\right)$ |

当把这三种形式的外加电场作用于三维情况下的心脏系统时，电场会改变缺陷周围的膜电势分布。

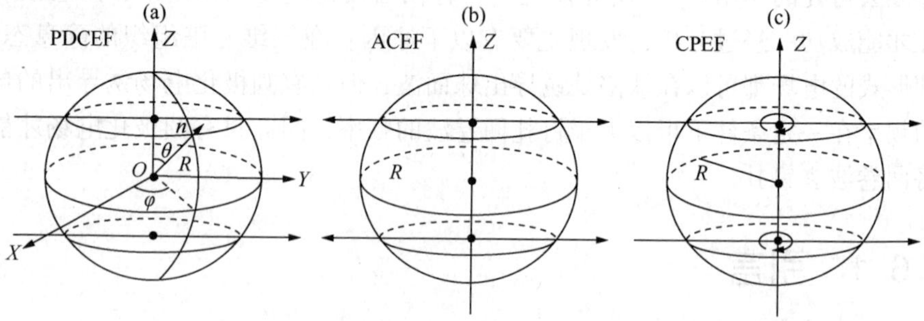


图 6.1　三种形式的外加电场。半径为 $R$ 的球体代表心脏组织中的球形缺陷
图中的直线箭头分别表示直流脉冲电场(a)、交流电场(b)以及圆极化电场(c)的电场方向。
(c)中的弯曲箭头表示圆极化电场可以绕 $z$ 轴水平旋转[170]

## 6.2　直流脉冲电场的响应情况

在本章，我们使用 Barkley 模型，在数值模拟中，参数 $a$、$b$ 和 $\varepsilon$ 分别取 0.9，0.08 和 0.02。当选择这样的参数配置时，二维螺旋波会严格旋转，三维回卷波的奇异线具有正的线张力，即对应于 Barkley 模型参数空间中的“collapsing scroll rings”区域。我们首先研究直流脉冲电场对静息态下的可激发介质中的缺陷的影响。通过将直流脉冲电场应用于初始静息的可激发介质，缺陷周围的膜电势将会被重新分布，即电场引起的去极化效应和超极化效应会对等地分布在缺陷的两边。如果外加的电场强度足够大，那么去极化区域将会逐渐增大，然后首尾相连从而在缺陷附近形成一个球面波，如图 6.2(a)所示。在电场的持续作用下，形成的第一个球面波会从缺陷脱离，然后向外传播。接着，在缺陷附近又会形成第二个球面波，接着是第三个、第四个……最后，介质中将充满球面波，如图 6.2(b)所示。

现在我们考虑初始时的系统不是处于静息态的情况，而是已经有一个回卷波钉扎在缺陷上，如图 6.2(c)所示。当对这种情况下的系统施加与图 6.2(b)相同大小的直流脉冲电场后，我们发现由于系统中事先存在着钉扎的回卷波，因此在缺陷附近形成不了球面波，如图 6.2(d)所示。也就是说，施加直流脉冲电场后，直流脉冲电场对系统中的钉扎回卷波几乎没有什么影响，回卷波仍钉扎在缺陷上。因此我们可以说，尽管直流脉冲电场能够在初始处于静息态下的介质中的缺陷附近诱导出球面波，但它不能成功去除钉扎的回卷波。考虑到直流脉冲电场不能在事先存在有钉扎回卷波的情况下从缺陷附近诱导出球面波，因此我们推测直流脉冲电场在静息态下诱导出的球面波的频率($\omega_{\mathrm{sphe}}$)小于钉扎回卷波的旋转频率($\omega_s$)。接下来，我们就来测量 $\omega_{\mathrm{sphe}}$ 和 $\omega_s$ 的值，并验证上述猜想。由于直流脉冲电场诱导出的球面波的频率 $\omega_{\mathrm{sphe}}$ 与电场的频率 $\omega_e$ 有关，所以我们可以通过改变 $\omega_e$ 的值，从而获得一系列不同频率的球面波。研究发现，当 $\omega_e$ 小于 2.5 时，电场不能在缺陷附近诱导出完好的球面波，并且这些波在随后的演化中还会进一步破碎。

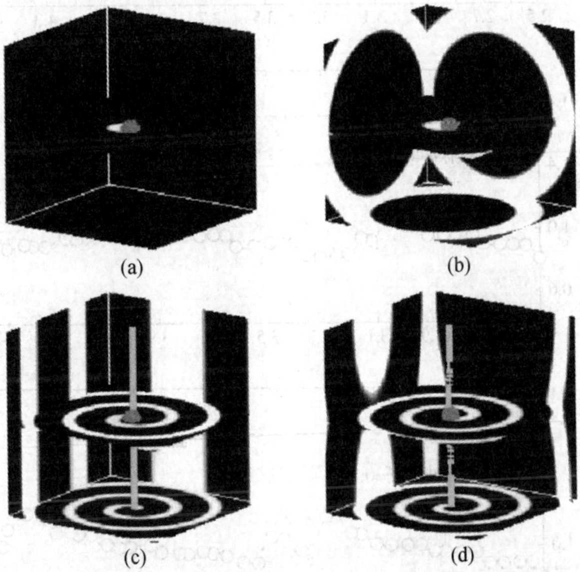

图 6.2　直流脉冲电场作用于三维心脏组织

直流脉冲电场的强度和频率分别是 $E_0=2.0$，$\omega_e=3.75$。介质中心的灰色小球表示半径为 $R=2.2$ 的缺陷。灰色粗竖线(相奇异线)代表回卷波的旋转中心。(a)、(b)表明在三维心脏组织的静息态下直流脉冲电场可以从缺陷处诱导出球形波。(c)、(d)表明直流脉冲电场不能成功去除钉扎的回卷波[170]

为了研究 $\omega_{\mathrm{sphe}}$ 和 $\omega_e$ 之间的关系，我们从 2.5 逐渐增加 $\omega_e$，$\omega_e=2.5$ 可以看作是能够产生完好球面波的最小的 $\omega_e$。具体而言，对于电场强度 $E_0=2.0$ 和脉冲持续时间为 0.1 的直流脉冲电场，研究发现，不管如何改变直流脉冲电场的频率，电场诱导出的球面波的频率都小于钉扎回卷波的旋转频率，如图 6.3(a)所示。

当我们进一步将脉冲持续时间增加到 0.2 后，得到的结果与脉冲持续时间为 0.1 的结果类似。也就是说，脉冲持续时间为 0.2 的直流脉冲电场也不能诱导出频率高于钉扎回卷波旋转频率的球面波，如图 6.3(b)所示。此外，我们的研究还发现，如果脉冲持续时间为 0.05，那么在缺陷附近将形成不了球面波。另一方面，我们还可以通过改变直流脉冲电场的强度，例如把直流脉冲电场的强度提高到 7.0，如图 6.3(c)所示，但是结果表明，在该直流脉冲电场的作用下也得不到球面波的频率大于钉扎回卷波频率的情况。

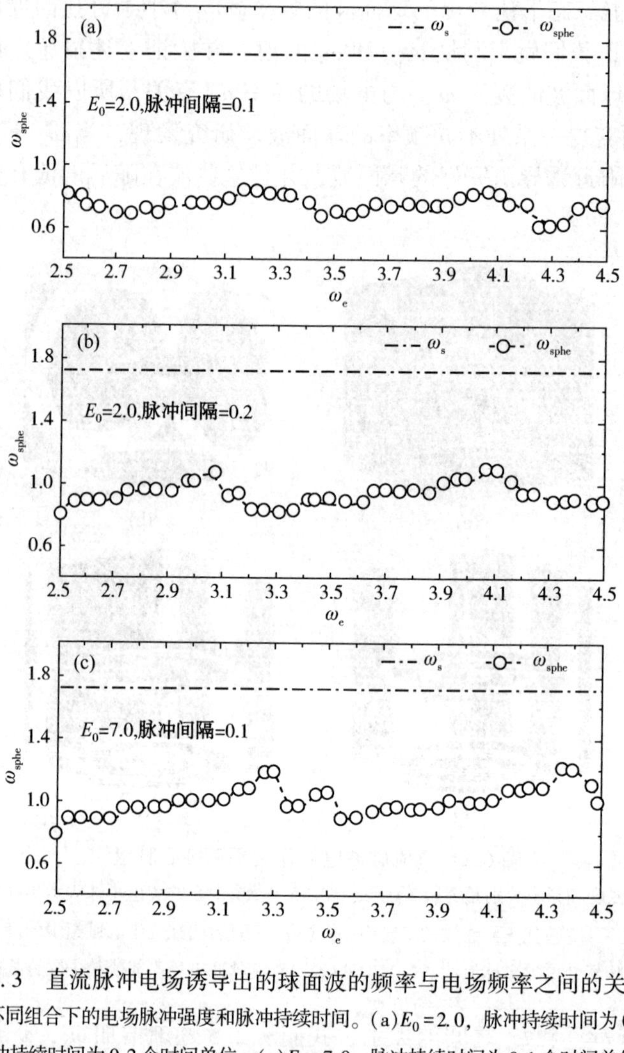


图 6.3　直流脉冲电场诱导出的球面波的频率与电场频率之间的关系

不同的子图代表不同组合下的电场脉冲强度和脉冲持续时间。(a)$E_0=2.0$，脉冲持续时间为 0.1 个时间单位。(b)$E_0=2.0$，脉冲持续时间为 0.2 个时间单位。(c)$E_0=7.0$，脉冲持续时间为 0.1 个时间单位。实心圆代表静息态下直流脉冲电场诱导出的球面波的频率 $\omega_{sphe}$，点划线表示钉扎回卷波的旋转频率 $\omega_s$[170]

## 6.3 交流电场和圆极化电场的响应情况

由以上讨论可知，直流脉冲电场即使在不同的强度和脉冲持续时间下，也不能诱导出频率高于钉扎回卷波旋转频率的球面波。因此，直流脉冲电场不能用来去除钉扎回卷波。接下来，我们研究缺陷对另外两种外加电场——交流电场和圆极化电场的响应情况。对于交流电场，如图 6.1(b)所示，在交流电场的作用下，电场诱导出的去极化效应和超极化效应不像直流脉冲电场那样稳定分布在缺陷的两侧，而是会交替出现在缺陷的两边，从而可以在缺陷的两侧均匀地激发出波。但是研究发现，虽然由交流电场诱导出的球面波的频率可以高于直流脉冲电场诱导出的球面图 6.4(a)所示。此外，我们还将交流电场的强度增加到 4.0 和 7.0，但结果表明也得不到球面波的频率高于钉扎回卷波旋转频率的情况。

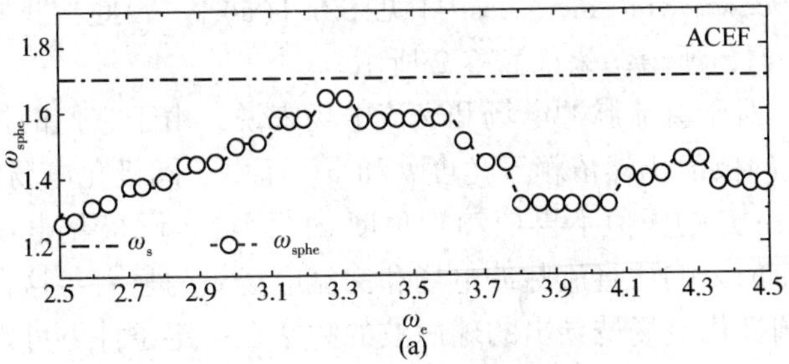

(a)

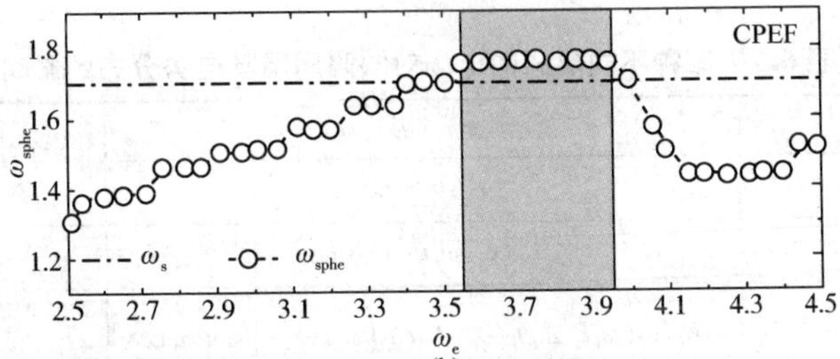

(b)

图 6.4　交流电场和圆极化电场诱导出的球面波的频率与电场频率之间的关系

不同的子图表示不同形式的外加电场。(a)交流电场。(b)圆极化电场。电场强度 $E_0=2.0$，实心圆代表静息态下诱导出的球面波的频率 $\omega_{sphe}$，点划线表示钉扎回卷波的旋转频率 $\omega_s$[170]

然而，如果外加电场是圆极化电场，并且当圆极化电场的电场强度和频率取得合适时，圆极化电场诱导出的球面波的频率在一定范围内可以高于钉扎回卷波的旋转频率，结果如图 6.4(b)所示。这可能归因于圆极化电场的旋转特性：与直流脉冲电场和交流电场相比，圆极化电场诱导出的去极化效应和超极化效应可以绕着 $z$ 轴旋转，如图 6.1(c)所示。为了排除参数依赖性，我们还进一步验证了 Barkley 模型参数空间中的“collapsing scroll rings”区域内的其他参数值[71]，结果表明圆极化电场在一定条件下也可以诱导出频率高于钉扎回卷波旋转频率的球面波。

## 6.4 圆极化电场去除钉扎的回卷波

通过上面的数值模拟，我们已经研究发现，直流脉冲电场，交流电场和圆极化电场都可以在三维心脏组织的静息态下从缺陷附近诱导出球面波，但是只有圆极化电场诱导出的球面波的频率在一定条件下可以高于钉扎回卷波的旋转频率。接下来，我们进一步讨论心脏组织中的缺陷在这三种不同形式的电场的作用下的膜电势分布情况。具体地，电场对缺陷附近的膜电势 $u$ 的影响可改写为：$n \cdot \nabla u = n \cdot E$。也就是说，$n \cdot E$ 的值会影响膜电势 $u$ 在缺陷边界处的分布。另外，对于球形缺陷的边界上的任意一点，垂直于缺陷边界的局部单位矢量在球坐标中可以表示为 $n=(\sin\theta\cos\varphi,\ \sin\theta\sin\varphi,\ \cos\theta)$[见图 6.1(a)]。因此，我们可以根据此式计算出 $n \cdot E$ 的值，所得结果如表 6.2 所示。

具体而言，对于直流脉冲电场和交流电场来说，由于它们的指向只沿一个方向，因此 $n \cdot E$ 的极值仍然依赖于角度 $\theta$ 和 $\varphi$。而由于圆极化电场可以绕着 $z$ 轴水平旋转，所以 $n \cdot E$ 的极值不再依赖于角度 $\varphi$。因此，圆极化电场对球形缺陷边界的膜电势分布的影响比直流脉冲电场和交流电场更为显着，这在一定程度上可以解释为什么圆极化电场诱导出的球面波的频率在一定条件下可以大于钉扎回卷波的旋转频率。

**表 6.2 三种不同形式的电场对缺陷周围膜电势分布的影响**

| | $n \cdot E$ | $n \cdot E$ 的极值 |
|---|---|---|
| PDCEF | $E_y\sin\theta\sin\varphi$ | $E_0\sin\theta\sin\varphi$ |
| ACEF | $E_0\cos(\omega_e t)\sin\theta\sin\varphi$ | $\pm E_0\sin\theta\sin\varphi$ |
| CPEF | $E_0\cos(\omega_e t)\sin\theta\cos\varphi+E_0\cos\left(\omega_e t+\frac{\pi}{2}\right)\sin\theta\sin\varphi$ | $\pm E_0\sin\theta$ |

鉴于以上研究发现，即由圆极化电场诱导出的球面波的频率 $\omega_{sphe}$ 在一定条件下可以大于钉扎回卷波的旋转频率 $\omega_s$，因此我们猜想可以利用圆极化电场诱导出的高频率的球面波去除钉扎的回卷波，并将它们赶出介质边界。接下来，我们使用与图 6.2(c)一样的状态作为初始条件，并将电场强度为 $E_0=2.0$，电场频率为 $\omega_e=3.75$ 的圆极化电场作用于介质中，注意到这样一个圆极化电场诱导出的球面波的频率高于钉扎回卷波的频率，见图 6.4(b)。结果表明，在圆极化电场的作用下，回卷波的奇异线经过 30 个时间单位的演化之后会在缺陷附近发生比较大的形变，并从缺陷上脱离，见图 6.5(b)中的竖着的灰线。这表明通过圆极化电场诱导出的波与回卷波奇异线之间的相互作用，可以使钉扎回卷波不再钉扎在缺陷上。但是数值模拟

发现，如果此时停掉圆极化电场，回卷波奇异线将会被重新拉直并再次钉扎回到缺陷上，这是由于奇异线具有正的线张力。这与 2D 系统中的螺旋波的去钉扎情况完全不同：对于 2D 系统中的螺旋波的去钉扎，只要去钉扎之后的螺旋波端点(tip 点)与缺陷边界之间的距离大于螺旋波自身的 core 的大小，那么去钉扎之后的螺旋波就可以一直保持自由旋转，不再重新钉扎回到缺陷上。因此，相对于 3D 系统，2D 系统中的螺旋波更容易实现去钉扎。而对于 3D 系统中的回卷波，要想实现完全的去钉扎，则需要圆极化电场的持续作用，目的是通过圆极化电场不断诱导出高频率的球面波，然后利用这些高频率的向外传播的球面波将回卷波奇异线驱赶出缺陷附近，如图 6.5(c)所示。当演化进行到 380 个时间单位时，我们发现回卷波奇异线已经被高频的球面波完全赶出介质边界，而介质中只剩下球面波，见图 6.5(d)。这时我们停掉圆极化电场，那么在缺陷附近将不会有新的球面波产生，余下的球面波将会很快漂移出介质边界。最终，系统进入到静息态($u=0$，$v=0$)。我们进一步的研究还表明，在同样的电场强度和电场频率的作用下，$E_x=E_0\cos(\omega_e t)$、$E_z=E_0\cos\left(\omega_e t+\dfrac{\pi}{2}\right)$的圆极化电场，和 $E_y=E_0\cos(\omega_e t)$、$E_z=E_0\cos\left(\omega_e t+\dfrac{\pi}{2}\right)$的圆极化电场同样可以将回卷波去钉扎并将它们赶出介质边界。

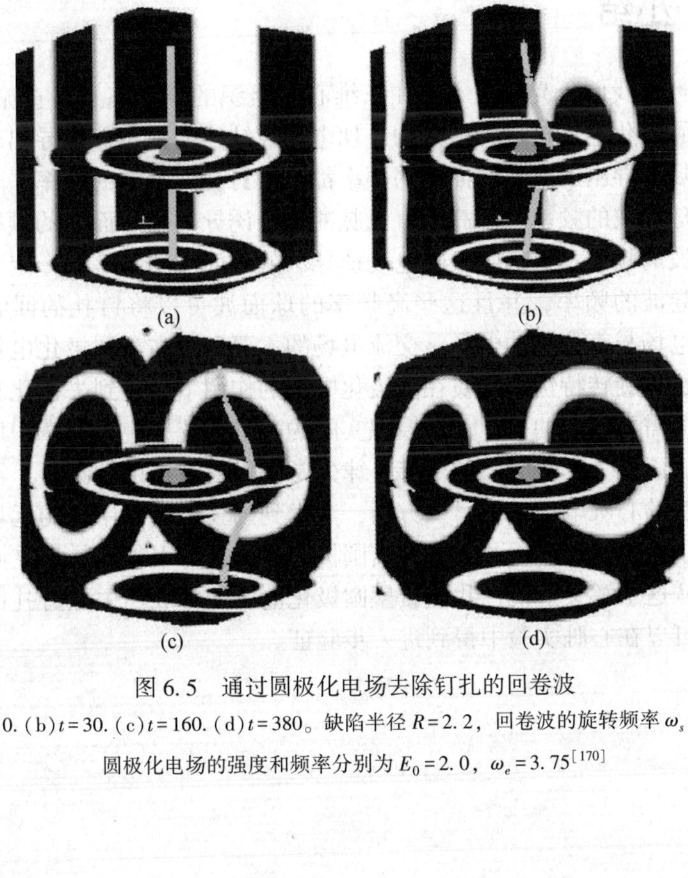

图 6.5　通过圆极化电场去除钉扎的回卷波

(a) $t=0$. (b) $t=30$. (c) $t=160$. (d) $t=380$。缺陷半径 $R=2.2$，回卷波的旋转频率 $\omega_s=1.696$。圆极化电场的强度和频率分别为 $E_0=2.0$，$\omega_e=3.75$[170]

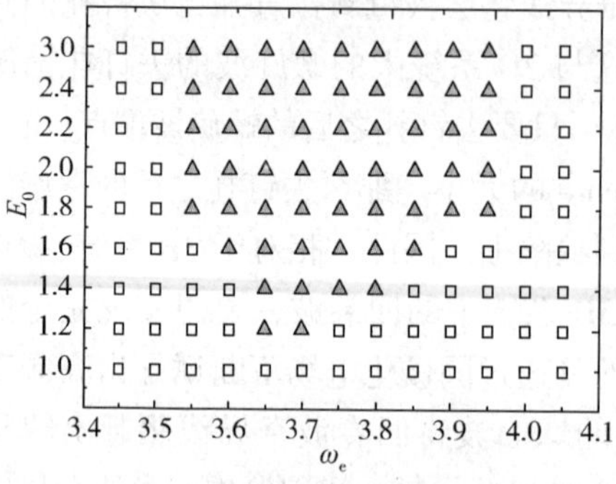


图 6.6　圆极化电场去除钉扎回卷波的参数区域
三角形表示成功的去钉扎；
正方形表示不能成功去钉扎[170]

图 6.6 给出了成功去除钉扎回卷波所需要的电场强度 $E_0$ 和电场频率 $\omega_e$。为了简化问题，我们定义一个网格大小为 60×60×60 并且缺陷在其中心的盒子。如果圆极化电场在演化 500 个时间单位后能够将回卷波奇异线从这个盒子中去除，那么我们就认为这是一次成功的去钉扎，在图 6.6 中用三角形表示；如果去除不成功，我们就用方形表示。特别地，我们研究发现，当 $E_0>1.2$ 后，才会存在合适的 $\omega_e$ 使得回卷波奇异线在圆极化电场的作用下被成功去钉扎。同时，继续增加电场强度 $E_0$ 到 1.8，"成功去钉扎"的 $\omega_e$ 范围(图 6.6 中的三角形)也会扩大，这个 $\omega_e$ 范围正好对应于图 6.4(b)中的阴影区域。然而，继续增加 $E_0$ 便不再对"成功去钉扎"范围有贡献。

## 6.5　小结

综上所述，我们研究发现了，在三维心脏组织的静息态下，直流脉冲电场，交流电场和圆极化电场这三种形式的外加电场在缺陷处都可以诱导出球面波。但直流脉冲电场诱导出的所有球面波的频率都低于钉扎回卷波的频率。尽管交流电场诱导出的球面波的频率可以高于直流脉冲电场诱导出的球面波的频率，但仍低于钉扎回卷波的频率。只有圆极化电场诱导出的球面波的频率在一定条件下可以高于钉扎回卷波的频率，并且这些高频率的球面波可以将钉扎的回卷波赶出介质。圆极化电场与直流脉冲电场、交流电场的主要区别在于圆极化电场是个旋转电场。由于这个旋转特性，介质在圆极化电场的作用下会受到去极化和超极化的共同影响。但需要指出的是，对于模拟实际的心脏系统来说，本章中所使用的模型相对简单，因此为了给实际的治疗心律失常提供更有帮助的指导，需要进一步考虑更加真实的心脏电活动。另一方面，考虑到匀强电场作用下的远场激发方法已经在实验中得到实现，因此我们相信圆极化电场也可以很容易地在心脏实验中得以实现。从这个意义上说，我们希望圆极化电场能够成功去除钉扎回卷波的数值模拟结果可以在心脏实验中得到进一步验证。

# 第 7 章　不规则缺陷下的圆极化电场虚拟电极效应

由前几章对于圆极化电场远场激发(虚拟电极效应)除颤机制的研究表明，在理想情况下，圆极化电场虚拟电极效应除颤效果较好，所需电压低，效率高。本章节我们将继续研究圆极化电场虚拟电极效应。我们研究了边界曲率和方向变化对虚拟电极效应的影响[172]。我们发现，与匀强电场下的虚拟电极效应不同，圆极化电场不受边界曲率和方向的影响。此外，圆极化电场需要的电压较低。因此，在实际应用中具有一定的优势在临床治疗中的作用。

## 7.1　引言

心脏是一个高度异质性的器官，充满了传导的异质性的缺陷，见图 7.1。它们可以是血管、梗塞造成的疤痕、小范围的不连续性等。尤其是血管广泛分布于心脏组织中。在心脏解剖中，我们可以看到它们大多呈椭圆形或圆形。另一些则呈现不规则形状，其边界曲率以类似椭圆的方式变化。

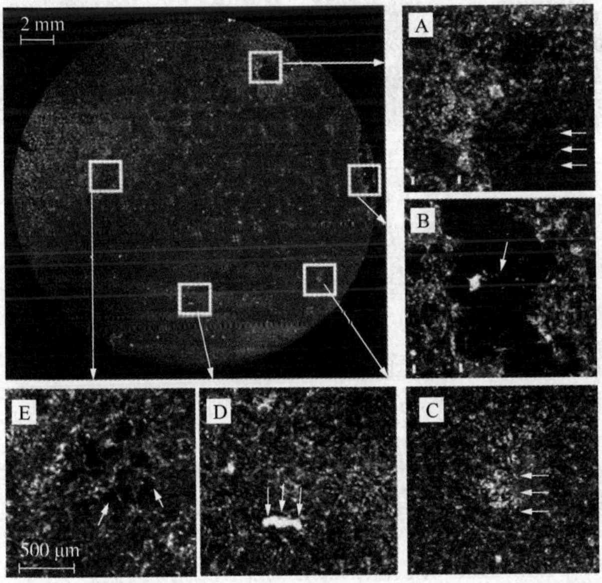


图 7.1　心脏组织中的可能缺陷

(a)无心肌区域；(b)机械受损区域；(c)高密度区域；(d)细胞单层的顶部损坏的集群；(e)不均匀区域[96]

由虚拟电极效应机制，我们可知外加电场后，心脏组织中的缺陷周边就会激发产生波向外传播，从而达到去除周边的湍流波，也就是除颤。2007 年，Pumir 等人就对椭圆形缺陷进行了研究，在他们外加匀强电场的研究下发现，椭圆缺陷的方向对于虚拟电极效用具有很大的影响。具体来讲就是，当电场方向与椭圆缺陷的短半轴方向相同时，椭圆缺陷周边就能很好地产生激发波；但是当电场方向与椭圆缺陷的长半轴同向时，椭圆缺陷周边就无法产生激发波，见图 7.2。2012 年，Bittihn 等人也对不规则的缺陷加了匀强电场进行研究他们在二维心肌细胞培养实验中，用垂直电场刺激培养的新生大鼠心肌细胞，观察外加电场后的边界效应，如图 7.3 所示，V 形的缺陷在较强的电场方向作用下，V 形缺陷的平坦部分边界以及尖端被激发。对于较低的电场强度，一段时间后也会慢慢被激发[173]。

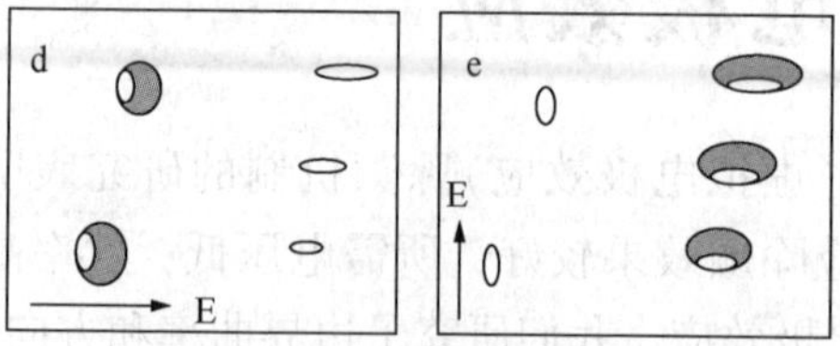


图 7.2　匀强电场作用下，椭圆缺陷产生激发波的情况[133]

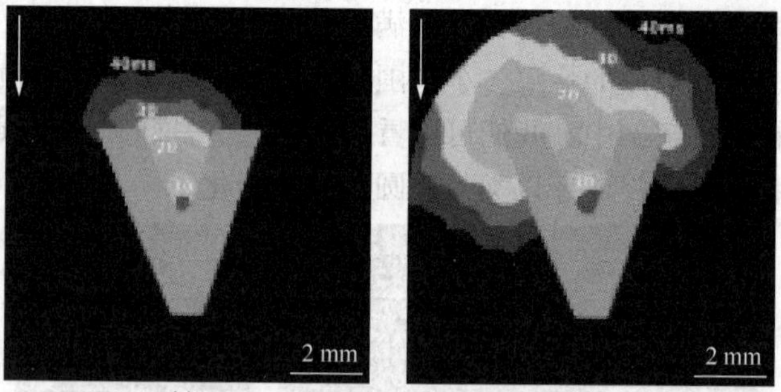


(a)　　(b)

图 7.3　二维心肌细胞培养实验中的边界效应

(a)电场强度 0.91V/cm。(b)电场强度 1.37V/cm[173]

本章节我们也将研究缺陷的曲率及方向对圆极化电场虚拟电极的影响，并对外加圆极化电场作用下，不规则缺陷周边产生激发波的情况做一个深入全面的理解。在不失一般性的前提下，我们选择了一个椭圆形状的非均匀体来研究其边界曲率和方向的变化对圆极化电场虚拟电极的影响。

## 7.2　椭圆缺陷虚拟电极效应

本章我们采用 Luo-Rudy 模型，如图 7.4 所示，我们使用中心具有椭圆形缺陷的二维心脏组织来研究圆极化电场与匀强电场的虚拟电极效应。我们将椭圆缺陷的方向相位定义为椭圆长轴和 $x$ 轴之间的夹角。图 7.4(a)和(e)，椭圆缺陷的长轴是水平的，所以椭圆相位为 $\phi=0$。图 7.4(b)和(f)中椭圆相位为 $\phi=\pi/6$。图 7.4(c)和(g)中椭圆相位为 $\phi=\pi/2$。图 7.4(d)和(h)椭圆相位为 $\phi=5\pi/6$。我们在弱电强度下分别应用圆极化电场和匀强电场，比较不同方向相位的椭圆缺陷周边产生激发波的情况。圆极化电场是一个强度恒定且方向稳定的电场，逆时针旋转，匀强电场的方向水平向右如图 7.4 所示。

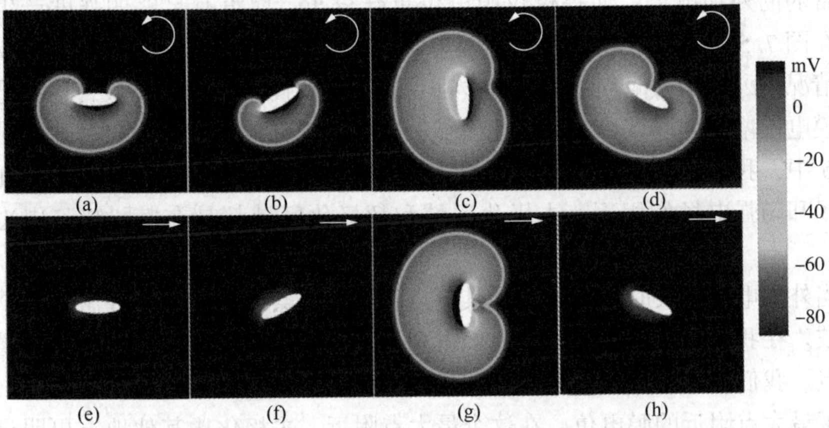


图 7.4　在圆极化电场(a)~(d)和匀强电场(e)~(h)作用下，不同方向相位的椭圆缺陷周边产生激发波的情况

圆极化电场和匀强电场的电场强度均为 0.7V/cm。圆极化电场的旋转频率为 0.14rad/ms。椭圆缺陷的半轴长度为 0.24cm 和 0.07cm。白色箭头代表电场的方向[172]

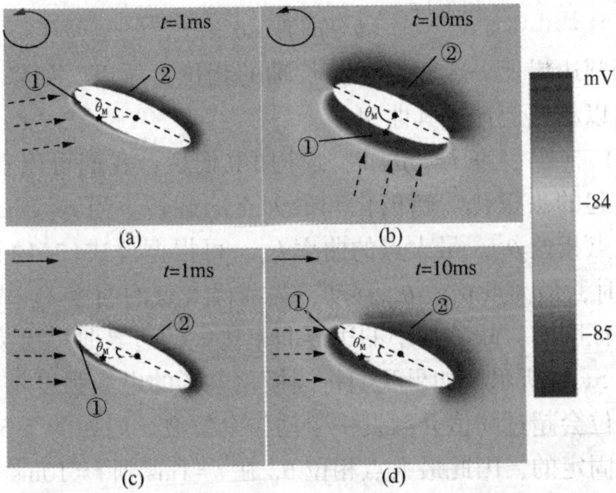


图 7.5　在圆极化电场(a)~(b)和匀强电场(c)~(d)作用下，椭圆缺陷周边膜电势重新分布的情况

圆极化电场和匀强电场的电场强度均为 0.1V/cm。圆极化电场的旋转频率为 0.14rad/ms。椭圆缺陷的方向相位为 $\phi=5\pi/6$。椭圆缺陷的半轴长度为 0.24cm 和 0.07cm。①区域是去极化区域，②区域是超极化区域。实箭头代表电场方向。虚线箭头代表某一时刻的电场的方向。星星代表此处此时膜电势最大。$\theta_M$ 指此刻膜电势最大处的相位，即此处与椭圆缺陷长半轴的夹角[172]

在圆极化电场下，所有不同方向的椭圆缺陷周边都可以激发产生波。但在匀强电场作用下，只有椭圆相位为 $\phi=\pi/2$ 时才能激发产生波。通过这个结果表明，圆极化电场虚拟电极效应不受椭圆方向相位的影响，但匀强电场虚拟电极效应会受到影响，只能在部分椭圆方向相位情况下激发产生波。

为了了解在外电场作用下，椭圆缺陷附近膜电位分布变化的差异，我们采用了非常弱的外加电场，使得仅仅膜电位重新分布，而没有足够的强度产生激发波。在图 7.5 中，圆极化电场和匀强电场的电场强度都相对较弱，为 0.1V/cm。这种情况下，椭圆缺陷周边的膜电位都受到了影响而重新分布，最终达到稳定分布。膜电位增强的区域称为去极化区域，膜电位降低的区域称为超极化区域。在图 7.5 中，我们展示了不同时间椭圆缺陷周围的膜电位分布。结果表明，在圆极化电场和匀强电场作用下，去极化区域和超极化区域都是在椭圆缺陷周边对半分布。

当外加电场增大时，缺陷边界某一点的膜电位会超过阈值，并激发一个动作电位波。在我们的数值模拟中，我们得到了在每个时刻膜电位被外部电场增强的最大点。我们把这个点称为最大点。在图 7.5 中，我们将最大点标记为星。我们研究了最大点附近的膜电位。在这个最大点附近，去极化比其他地方更明显，如图 7.5 中的①区域深色部分所示。而在椭圆缺陷的对侧，超极化更为突出，如图 7.5 中的②区域深色部分所示。椭圆缺陷边界的曲率 $k$，我们可以用以下公式表示：

$$k(\theta)=\frac{ab}{[(b^2-a^2)\cos\theta^2+a^2]^{3/2}} \tag{7.1}$$

其中 $\theta$ 是椭圆边界上一点相对于其长轴的相位。所以，如果最大点 $\theta_M$ 的相位已知，我们可以相应地计算其曲率 $k_M$。

如图 7.5(a)、(b)，在 $t=0$ms 时刻外加电场后，我们可以看到由于圆极化电场的旋转而引起的去极化、超极化和最大点的旋转。当 $t=1$ms 时，我们定位并测量得到最大点相位 $\theta_M$。最大点的曲率 $k_M$，可根据公式(7.1)计算等于 5.89。然后在 $t=10$ms 时，最大点相位 $\theta_M$ 移动，当前最大点的曲率 $k_M$ 减小到 1.30。正如先前的研究所证明的，缺陷的小的边界曲率比大的边界曲率更易导致膜电位重新分布。如图 7.5(d)所示，如果我们将圆极化电场的电场强度增加到 0.7V/cm，重新分配的膜电位会超过阈值并激发一个动作电位波。但如图 7.5(c)、(d)，匀强电场的方向是固定的，因此最大点相位 $\theta_M$ 在 $t=1$ms 到 $t=10$ms 之间保持不变，最大点曲率 $k_M$ 保持在 5.89。即使我们将匀强电场的电场强度提高到 0.7V/cm，重新分配的膜电位仍然达不到阈值来激发动作电位波，如图 7.5(h)所示。从以上结果可以得出结论，对于足够大的外电场，它能否重新分配缺陷边界处的膜电位，使其超过激发阈值取决于最大点曲率 $k_M$。

## 7.3 椭圆缺陷边界膜电位

本节采用 Luo-Rudy 模型，为了进一步了解外电场作用下，缺陷边界曲率对于虚拟电极效应产生激发波的影响，我们研究了椭圆缺陷边界上各时刻各点的膜电位值。我们使用两个不同方向的椭圆相位为 $\phi=5\pi/6$ 和 $\phi=\pi/2$ 来描述圆极化电场和匀强电场作用下的影响。在我们的模拟中，我们测量了边界点不同相位的膜电位值，并且测量得到了其随时间的变化情况，如图 7.6 所示。圆极化电场和匀强电场作用下，缺陷周边膜电位分布的最主要差别是膜电位 $V$ 的最大值。对于圆极化电场下的不同方向相位的椭圆缺陷图 7.6(a)和(b)，膜电位 $V$ 的最高值保持不变，唯一的变化是它出现的位置和时间不一样。

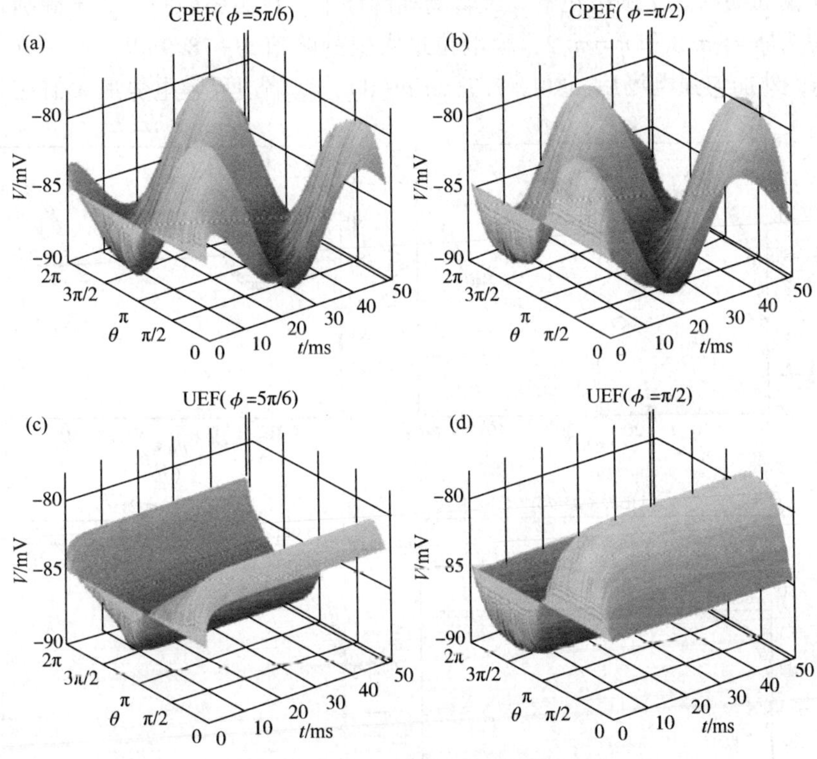


图 7.6　椭圆缺陷边界各处膜电位 $V$ 随时间变化情况

圆极化电场(a)、(b)和匀强电场(c)、(d)。圆极化电场和匀强电场的电场强度均为 0.1V/cm。椭圆相位为 $\phi=5\pi/6$(a，c)和 $\phi=\pi/2$(b，d)[172]

由于圆极化电场是旋转的，可以克服缺陷不同方向的影响。因此，图 7.6(a)($\phi=5\pi/6$)中 $V=V(\theta, t)$ 的结果只是图 7.6(b)($\phi=\pi/2$)中 $V(\theta, t)$ 的移动。

但在匀强电场作用下的不同方向相位的椭圆缺陷如图 7.6(c)和(d)，$V$ 的最高值变化剧烈。特别是当图 7.6(c)中的 $\phi=5\pi/6$ 时，膜电位 $V$ 的最高值大大降低，使得即使加大的电场强度也难以使缺陷周边膜电位达到阈值从而激发产生波。尽管在匀强电场下，当椭圆相位为 $\phi=\pi/2$，图 7.6(d)时的最大 $V$ 值看起来接近于在圆极化电场下的值，但这也说明了匀强电场虚拟电极效应在很大程度上受椭圆缺陷方向及曲率的影响。

图 7.6 还显示，在圆极化电场作用下，每一时刻的最大膜电位总是出现在最大点相位 $\theta_M$ 处，并且其值(表示为 $V_{max}$)将随时间周期性变化。而在匀强电场作用下，最大膜电位的值接近一个稳定值，不随时间改变位置。为了阐明这些变化，我们测量并绘制了图 7.7 中不同时间的最大膜电位值。在 $t=0$ms，外加圆极化电场后，如图 7.7(a)和(b)所示，最大膜电位值从静息电位开始增加，随后振荡。振荡周期都等于圆极化电场旋转周期的一半。在振荡期间，对于椭圆缺陷方向相位为 $\phi=5\pi/6$ 和 $\phi=\pi/2$，膜电位最大值的峰值为-78.9mV。另一方面，在 $t=0$ms，外加匀强电场后，如图 7.7(c)和(d)，缺陷边界膜电势最大值在开始时

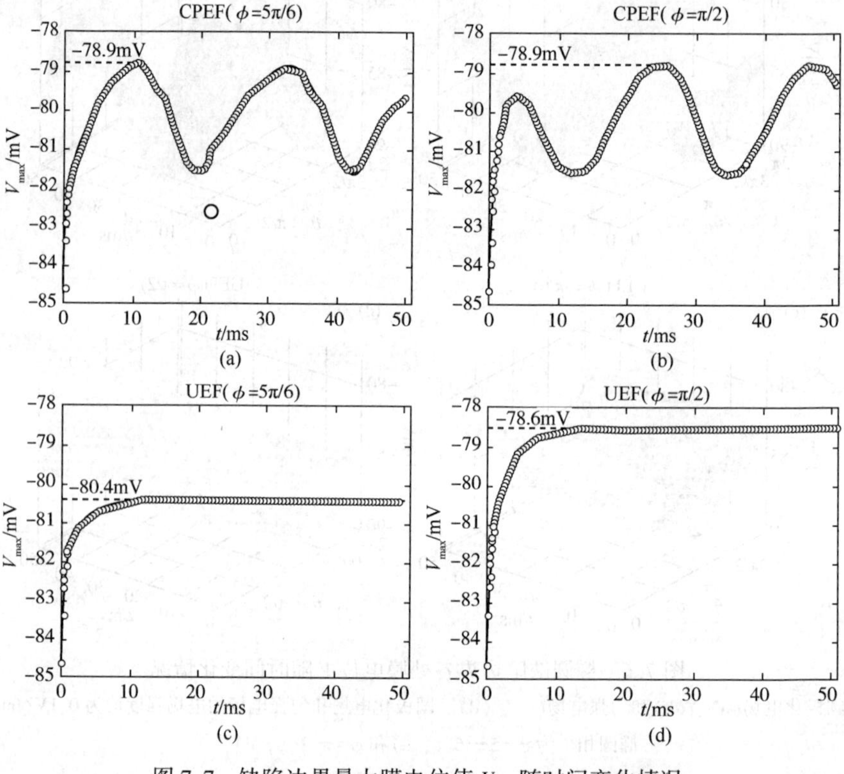


图 7.7　缺陷边界最大膜电位值 $V_{max}$ 随时间变化情况

圆极化电场(a)、(b)和匀强电场(c)、(d)。圆极化电场和匀强电场的电场强度均为 0.1V/cm。椭圆相位为 $\phi=5\pi/6$(a，c)和 $\phi=\pi/2$(b，d)[172]

随时间增加，随后达到一个稳定值，在图 7.7(c)中最后达到-80.4mV，而在图 7.7(d)中最后稳定在-78.6mV。我们注意到，图 7.7(c)中椭圆缺陷方向相位为 $\phi=5\pi/6$ 时的膜电位最大值最终稳定值远小于图 7.7(d)中椭圆缺陷方向相位为 $\phi=\pi/2$ 时的膜电位最大值的最终稳定值。另外图 7.7(d)中膜电位最大值的最终稳定值和图 7.7(a)和(b)中圆极化电场作用下的振荡峰值较为相近。这是因为，图 7.7(c)中测量得到的最大膜电位所对应的曲率 $k_M$ 测量值为 5.89，远大于图 7.7(a)、(b)和(d)中的 1.30、1.24 和 1.30。如前所述，曲率越大，重新分布的膜电位越低，越难达到阈值产生动作电位波。

这也就解释了图 7.4(e)和(f)中椭圆缺陷方向相位为 $\phi=0$ 和 $\phi=5\pi/6$ 时，为什么匀强电场作用不能产生动作电位波。因为它们膜电位最大值所对应的曲率 $k_M$ 也太大，不足以增强膜电位超过阈值而产生动作电位波。对于圆极化电场作用下的情况，椭圆方向不会对结果产生影响，因为圆极化电场是旋转的，它在旋转过程中总是能改变最大点相位 $\theta_M$，最终找到足够小的曲率 $k_M$，使膜电位增大到阈值以上并产生动作电位波。

## 7.4 电场强度的影响

本节采用 Luo-Rudy 模型，由上一节讨论结果可知，在给定的外电场强度下，膜电位最大值处的曲率较大，就很难产生动作电位波。那么，如果我们增加电场强度呢？特别是在匀强电场作用下，比如以上讨论中的椭圆缺陷方向相位为 $\phi=5\pi/6$ 的情况下，除 0.7V/cm 外，我们还需要多大的电场强度来促使膜电位达到阈值从而产生动作电位波？

为了回答这个问题，我们以椭圆方向相位为 $\phi=5\pi/6$ 为例进行了进一步的研究。如图 7.8 所示，我们增加圆极化电场和匀强电场的电场强度，并观察在 $t=0$ms 时刻外加电场后，最大膜电位 $V_{max}$ 是否会超过-40mV 的阈值。在给定的电场强度下，最大膜电位 $V(t)_{max}$ 的值随时间而变化，$V(t)_{max}$ 的峰值随电场强度的增加而增大。在圆极化电场作用下，在 0.4V/cm 左右有一个临界电场强度，低于该临界电场强度时，$V_{max}$ 不能超过阈值(-40mV)，则无法激发动作电位波。但当圆极化电场的强度增加到 0.5V/cm 时，最大膜电位 $V_{max}$ 的峰值会在某一时刻超过阈值，从而引起激发。随着圆极化电场强度的不断增大，$V(t)_{max}$ 的峰值越来越大，达到峰值的时间越来越早。然而，在图 7.8(b)中的匀强电场作用下，虽然峰值 $V(t)_{max}$ 也随匀强电场强度的增加而增加，但其临界电场强度需要达到 0.7V/cm，远大于圆极化电场作用下的 0.4V/cm。换言之，匀强电场所施加的电能比圆极化电场大得多。

然后，我们研究了在圆极化电场和匀强电场作用下能激发动作电位的临界电场对椭圆缺陷相位的依赖性。结果如图 7.9 所示，其中由于椭圆缺陷的旋转对称性，方向相位相仅显示在 0 到 π 之间。我们发现，匀强电场的临界电场仅为 0.5V/cm，在该临界电场之上，椭圆缺陷的任何方向相位都能被成功激发产生动作电位。相反，在匀强电场作用下，只有方向相位为 $5\pi/18<V<13\pi/18$ 的椭圆缺陷才能都能被成功激发产生动作电位。随着电场强度的不断增大，虽然越来越多的椭圆缺陷方向相位可以被激发，但在 1.2V/cm 的电场强度下，仍有一些椭圆方向相位不能被成功激发产生动作电位。这是因为在匀强电场作用下，缺陷边界最大点处曲率 $k_M$ 太大，相应的 $V_{max}$ 不能达到阈值。

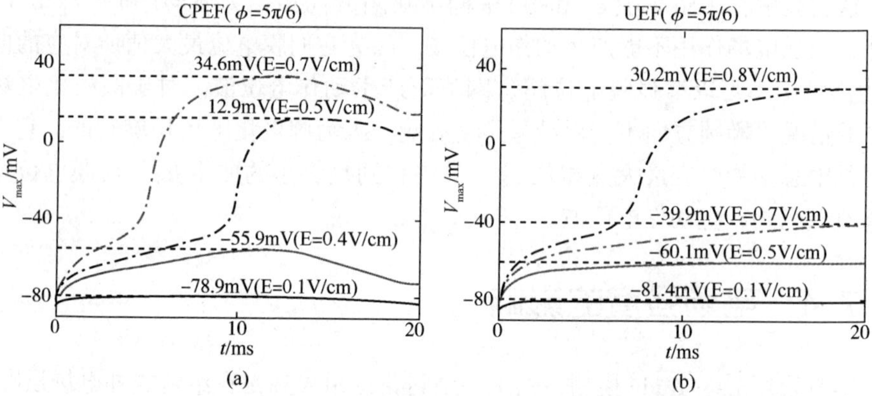


图 7.8　膜电位最大值 $V_{max}$ 在不同的电场强度下随时间变化情况

圆极化电场(a)-(b)和匀强电场(c)-(d)。在 $t=0$ms 时刻开始外加电场。椭圆相位为 $\phi=5\pi/6$[172]

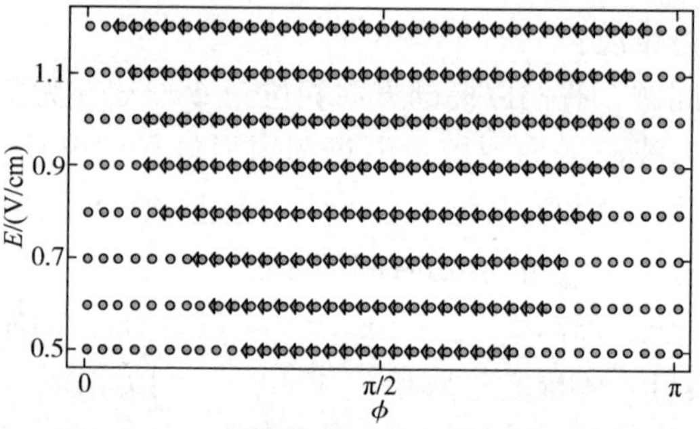


图 7.9　成功激发动作电位的椭圆相位

圆极化电场(实心圆)和匀强电场(实心菱形)。$x$ 轴代表椭圆缺陷方向相位，$y$ 轴代表外加电场的强度[[172]

我们也讨论了圆极化电场旋转角频率 $\omega_{CPEF}$ 对虚拟电极效应的影响。在我们的模拟中，我们尝试了从 0.065rad/ms 到 0.22rad/ms 间不同的圆极化电场旋转角频率 $\omega_{CPEF}$[153]。模拟结果表明，不同的圆极化电场旋转角频率 $\omega_{CPEF}$ 并不影响圆极化电场对所有椭圆方向相位产生虚拟电极效用的能力。

## 7.5 小结

综上所述，利用圆极化电场对于椭圆缺陷实现虚拟电极效应，不仅不受缺陷边界曲率和方向变化的影响，而且只需要一个低压电场就能激发产生激发波。从实用的角度来看，电导率的不均匀性在外加电场作用下越能激发产生波，消除心律失常的效率就越高。考虑到外电场的副作用，圆极化电场只需要一个微弱的电场强度就可以激发产生波。因此，可以降低所使用的电能，减少对人体的伤害。基于以上优点，我们说圆极化电场虚拟电极效应有望成为消除心律失常的良好选择。

# 第 8 章　基于 Barkley 模型的虚拟电极效应研究

本章主要采用简单的动力学系统双变量 Barkley 模型来研究可激发反应扩散系统中存在一个圆形缺陷时，外加圆极化电场作用下的虚拟电极效应，电场作用下激发波的形成。研究电场频率及电场强度对于产生激发波的影响。另外本章还将研究圆极化电场去除钉扎螺旋波的效率的影响，先研究在不同的激发性下和不同的缺陷大小下圆极化电场去除钉扎螺旋波的效果，然后我们研究外加的圆极化电场的强度和频率还有外加电场的时间对于去除钉扎螺旋波效果的影响。

## 8.1　引言

Barkley 模型是一个简单的双变量模型，它就是通过两个变量及两个参数来决定了介质的一些特性，比如激发性，激发阈值以及弛豫时间。由于 Barkley 模型是一个极为简单化的模型，所以在数值模拟中，一般运用于电生理数据不注重或不清楚的研究，或者应用于一些普遍性质的研究。在外面前面的研究中，很多工作也都采用了 Barkley 模型进行研究，本章节将把相关的研究工作以更加细致的内容呈现出来。

对于一个可激发系统来说，强弱激发是一个相对的概念。如果系统容易被激发，我们称之为强激发，反之则为弱激发。对于 Barkley 模型，如果 $\varepsilon$ 取值固定，是否能被激发取决于初始时的扰动或激励有没有使相空间中的静息点超出阈值，而因为阈值是由 $f(u, v)=0$ 曲线中间的那条支线决定的，于是系统取不同的 $a$、$b$ 值就可以对应强激发或者若激发。一般来说，我们称在虚线右侧螺旋波的激发为强激发，在虚线左侧的为弱激发。强激发的核相对较小，波宽较宽，转动速度较快；弱激发的核相对较大，波宽较窄，转动的速度也较慢，如图 8.1 所示。

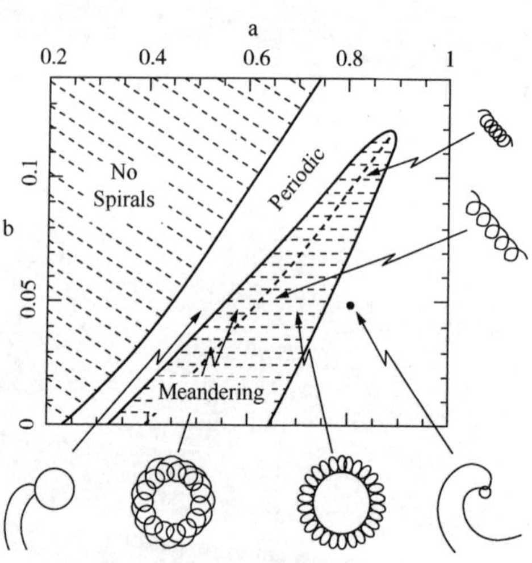


图 8.1　Barkley 模型 a、b 相图[146]

## 8.2 外加电场下缺陷周边产生激发波的研究

在可激发系统中外加圆极化电场，以改变电场的频率、电场的强度以及缺陷的大小等分析缺陷周边产生波的形态。并通过计算所产生波的频率对圆形波做具体分析。本小节采用双变量 Barkley 模型中，表 8.1 中，我们罗列出来了数值模拟过程中，固定参数及可变参数的数值，其中固定参数如果文中没有特别指出则保持不变，可变参数在不改变的情况保持第一个数值不变。

**表 8.1 外加电场研究参数数据表**

| 固定参数 | | 可变参数 | |
|---|---|---|---|
| 名 称 | 值 | 名 称 | 范围 |
| 系统参数 $a$ | 0.84 | 电场强度 $E$ | 3，1~6 |
| 系统参数 $b$ | 0.07 | 电场频率 $\omega$ | 1，0~5 |
| 系统参数 $\varepsilon$ | 0.02 | 圆形缺陷半径 $R$ | 3，1~6 |
| 时间步长 $dt$ | 0.005 | | |
| 空间步长 $dx$ | 0.195 | | |
| 空间步长 $dy$ | 0.195 | | |
| 总时长 $t$ | 100 | | |
| 介质尺寸 $Rx$ | 20 | | |

### 8.2.1 电场频率的影响

如表 8.1 所示，选择适当的激发性介质参数 $a$ 和 $b$ 确定可激发系统的激发性。固定圆极化电场强度以及缺陷半径的大小，改变外加圆极化电场频率的大小来观察缺陷周边产生波的形态。然后通过外加电场在缺陷周边产生的波在介质某点的振动波形图来具体分析所产生的圆形波、螺旋波以及湍流波的特性。

以下我们选取了四个具有代表性的外加圆极化电场频率 $\omega_E=0.8$、2.2、3.2、4.9。通过观察所产生的波形，发现在随着电场频率的逐渐增加，会出现三种不同的波形：圆形波、螺旋波和湍流波，图 8.2 记录了 $t=100$ 时刻在缺陷周边产生的波形图。

我们对整个电场频率进行分析发现：在电场频率很小时缺陷周边表现的形态为圆形波。随着电场频率的增大，圆形波逐渐变为螺旋波，其波的频率也在逐渐增大。电场频率再增加，螺旋波又产生了圆形波。当外加电场频率加到 4.4 后，缺陷周边表现的波形为湍流态。在整个频率范围内，也发现一处奇怪的地方，当外加电场频率为 2.6~2.7 时也出现了湍流态波形，而之后随着电场频率的逐渐增大，又变为圆形波。这阶段形成的湍流态很可能不是因为外加电场频率过大所致，具体原因还应做进一步的研究。综上，我们可以看到圆极化电场频率对于缺

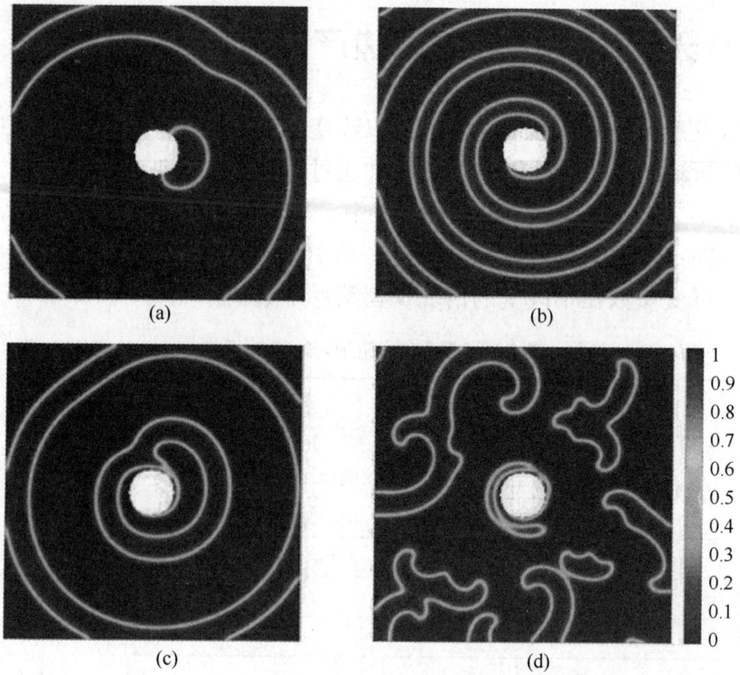


图 8.2　不同频率产生的波形图

(a)$\omega_E=0.8$；(b)$\omega_E=2.2$；(c)$\omega_E=3.2$；(d)$\omega_E=4.9$

陷周边产生激发波存在很大的影响。

对于我们需要用产生的激发波进行去除湍流态及螺旋波而言，最好应该是产生圆形波，所以下面我们对产生圆形波的区域进行进一步分析。在缺陷周边产生圆形波的外加电场频率范围有两部分 $\omega_E=0.0\sim1.7$ 和 $\omega_E=2.8\sim4.3$，这两部分虽然在缺陷周边产生的都是圆形波，但是圆形波频率的稳定性却不一样，且与外加电场频率的比值也不同。我们可以看到在 $\omega_E=0.0\sim1.7$ 区间，圆形波的产生是不稳定的，但是波形的改变也存在一定的规律。我们观察了介质某一点 $u$ 值的变化情况，如图 8.3，此时外加电场频率 $\omega=0.8$。$u$ 值达到 1 时相当于该处被激发，产生了激发波，我们可以看到除却初始状态，待到相对稳定之后，会连续激发三次波之后，会有个过度，缓慢激发一个波，后又重新重复之前连续激发三次波，如此反复……而在 $\omega_E=2.8\sim4.3$ 区间，圆形波的频率趋于稳定状态，如图 8.4 所示。

下面表 8.2 我们记录了不同电场频率下所产生的圆形波的频率。我们发现电场频率 $\omega_E=0.6\sim1.6$ 区间外加电场对缺陷周边产生的圆形波其波的频率与外加电场频率的比值接近 1∶1，而电场频率 $\omega_E=3.0\sim4.2$ 时外加电场对缺陷周边产生的圆形波其波的频率与外加电场的频率之比为 1∶2。在外加电场频率 $\omega_E=0.6\sim1.6$ 时，外加电场频率与圆形波的频率的比值逐渐接近 1∶1，说明此时介质产生激发波恢复到静息态的这样一个周期相对充裕，介质受到激发后能够自主恢复到静息态，等待下一次激发。而当电场频率 $\omega_E=3.0\sim4.2$ 时，缺陷周边介质受到激发后没有充裕的时间自主恢复到静息态就被再一次激发，所以此时介质不是激发状态，因而无法与外加电场同步激发。

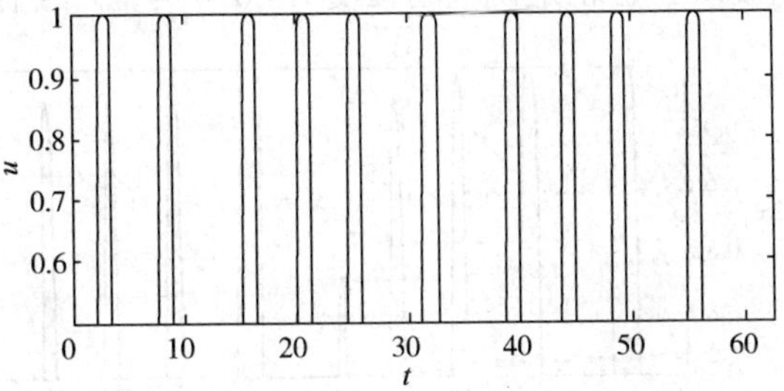


图 8.3　$\omega=0.8$，介质某处 $u$ 值随时间变化的波形图

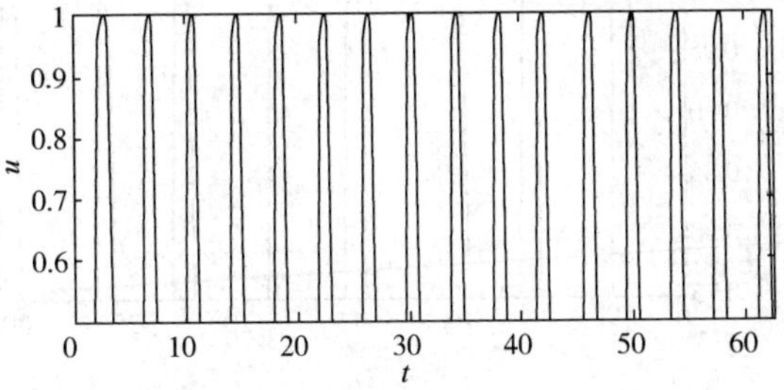


图 8.4　$\omega=3.2$ 介质某处 $u$ 值随时间变化的波形图

**表 8.2　外加电场频率与圆形波频率关系**

| 外加电场 $\omega_E$ | 0.6 | 0.8 | 1.0 | 1.2 | 1.4 | 1.6 | 3.0 |
|---|---|---|---|---|---|---|---|
| 圆形波 $\omega_1$ | 1.021 | 1.112 | 1.237 | 1.336 | 1.555 | 1.775 | 1.500 |
| $\omega_E/\omega_1$ | 0.588 | 0.719 | 0.808 | 0.898 | 0.900 | 0.901 | 2.000 |
| 外加电场 $\omega_E$ | 3.2 | 3.4 | 3.6 | 3.8 | 4.0 | 4.2 | |
| 圆形波 $\omega_1$ | 1.600 | 1.700 | 1.798 | 1.867 | 1.991 | 2.091 | |
| $\omega_E/\omega_1$ | 2.000 | 2.000 | 2.002 | 2.035 | 2.009 | 2.008 | |

### 8.2.2　电场强度的影响

在上节中得出在不同的电场频率下对缺陷周边产生了三种波形：螺旋波、圆形波、湍流波。随着电场强度的增加，螺旋波和圆形波的频率基本无变化，也就是说在电场强度到达一定的值之后，对缺陷周边产生波的形态基本无影响，在图 8.5 中，由于湍流波的形态比较复杂，在增加电场强度的大小时，介质某点处的波形图发生了改变，但波形仍为湍流波，并且波的频率也未发生改变。例如当 $E=1.3$，$\omega=$

4.9 时，在缺陷周边产生湍流波。再随着电场强度的增大时仍为湍流波，但是 $u$ 值随时间变化的波形图会发生变化，如图 8.5 所示。因此，电场强度的改变对缺陷周边产生湍流波的形态也基本无影响。在随着电场强度的减小，无论是在何种电场频率下，在缺陷周边产生的波形均为圆形波。当电场强度 $E<0.4$ 时，在缺陷周边将不会产生波形，也就是说电场强度 $E=0.4$ 为能产生激发波的临界值。

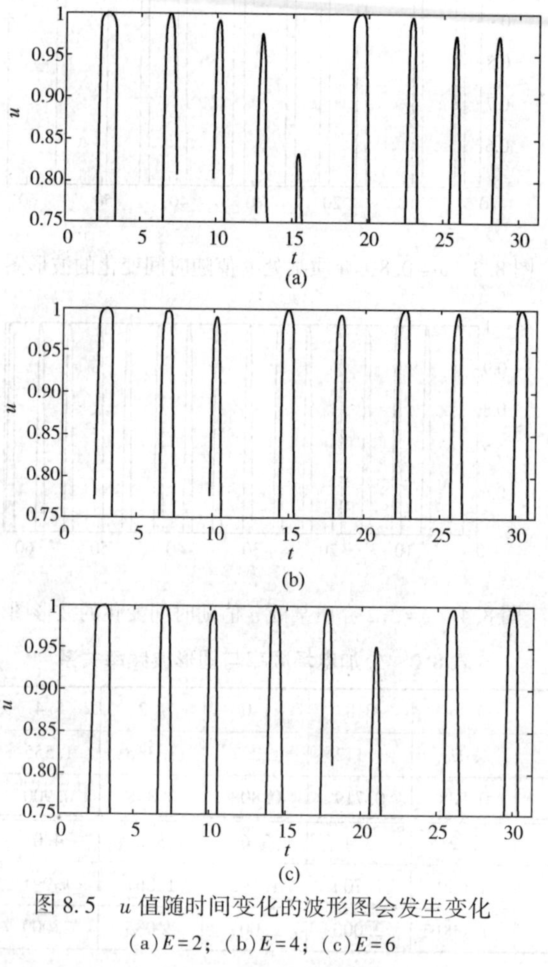


图 8.5　$u$ 值随时间变化的波形图会发生变化

(a) $E=2$；(b) $E=4$；(c) $E=6$

## 8.3　在不同激发性下去除钉扎螺旋波的研究

因为心脏组织各部分介质的激发性是不同的，所以我们需要保证各个激发性下，所加的电场都能去除钉扎螺旋波。因此我们研究不同激发性时，去除钉扎螺旋波的情况。对于 Barkley 模型，其介质激发性是由参数 $a$ 和 $b$ 共同来决定的。表 8.3 中，我们罗列出来了数值模拟过程中，固定参数及可变参数的数值，其中固定参数如果文中没有特别指出则保持不变，可变参数在不改变的情况保持第一个数值不变。

**表 8.3　介质激发性参数数据表**

| 固定参数 | | 可变参数 | |
|---|---|---|---|
| 名　称 | 值 | 名　称 | 范围 |
| 系统参数 $\varepsilon$ | 0.02 | 电场强度 $E$ | 2，1~6 |
| 时间步长 $dt$ | 0.005 | 电场频率 $\omega$ | 3，0~5 |
| 空间步长 $dx$ | 0.195 | 系统参数 $a$ | 0.8~0.10 |
| 空间步长 $dy$ | 0.195 | 系统参数 $b$ | 0.01~0.14 |
| 介质尺寸 $Rx$ | 20 | 外加电场时间 $t$ | 6，6~10 |
| | | 圆形缺陷半径 $R$ | 3，3~5 |

## 8.3.1　不同的激发性去除螺旋波钉扎

按照 Barkley 模型在不同参数下的相图，我们取 $a$ 从 0.8 到 1.0，$b$ 从 0.01 到 0.14，观察各个激发性下，外加电场去除钉扎螺旋波的情况。我们分别选取了激发性强、中、弱三种代表性介质，观察去钉扎情况。首先我们可以看到在不同的激发性下，所产生的钉扎螺旋波也都不相同。图 8.6(a)是在 $a=1.0$，$b=0.01$(即激发性最强)，$R1=3$ 时生成的初始螺旋波。我们可以看出来它的波是非常非常宽的，图 8.6(b)是在 $a=0.90$，$b=0.07$(即激发性适中)，$R1=3$ 时生成的初始螺旋波它的波宽比图 8.6(a)要窄得多，图 8.6(c)是 $a=0.8$，$b=0.14$(即激发性最弱)，$R1=3$ 时生成的初始螺旋波，它是对应波宽度最窄的一个。

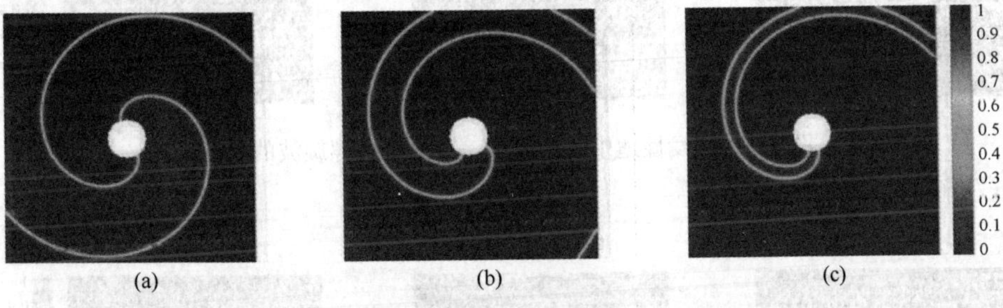


图 8.6　不同激发性下生成的初始螺旋波

(a)$a=1.0$，$b=0.01$；(b)$a=0.90$，$b=0.07$；(c)$a=0.80$，$b=0.14$

基于以上三种不同激发性，我们研究加了圆极化电场之后，去除钉扎螺旋波情况。图 8.6(a)中，对应强激发性，我们发现弱激发性对应的螺旋波很宽，是很难去除的，这种情况随着时间的推移，我们发现它就进入了混乱状态，是最难去除的情况。图 8.6(b)，激发性是相对弱一点的，这种情况生成的螺旋波是相对较细的，这个情况就相对好一点，但是有重新钉扎回去的趋势。在图 8.6(c) 中，对应最弱激发性，我们发现这种情况下生成的螺旋波波宽是最窄的，我们也发现这种情况，去除钉扎的效果是非常好的，最后能都达到使螺旋波完全消失。

具体来讲，我们可以看出在强激发状态下，如图 8.7 所示，从 $t=9$ 开始由一个螺旋波分成了两个，然后就一直循环进入了混乱状；在激发性适中的状态下（图 8.8），$t=4$ 时已经去除了钉扎，但是在 $t=8$ 时螺旋波有重新钉扎回去的趋势，但最终穿过了缺陷部位，$t=20$ 时展示的就是成功地去除了钉扎螺旋波。在弱激发下，也就是图 8.9 中我们看到螺旋波波宽非常窄的，仅仅用了几秒钉扎螺旋波就几乎消散了，也就是最佳的情况。

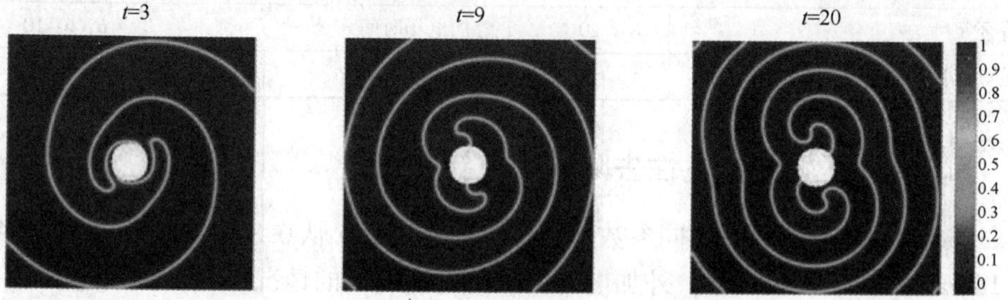


图 8.7　强激发下，去除钉扎螺旋波的情况

a=1.0，b=0.01

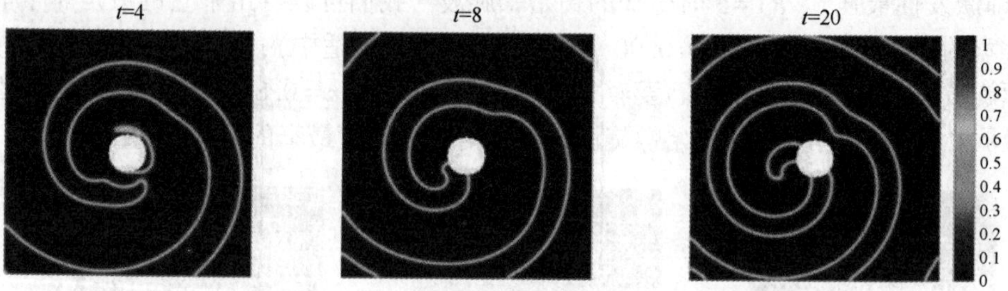


图 8.8　激发性适中的情况下，去除钉扎螺旋波的情况

a=0.9，b=0.07

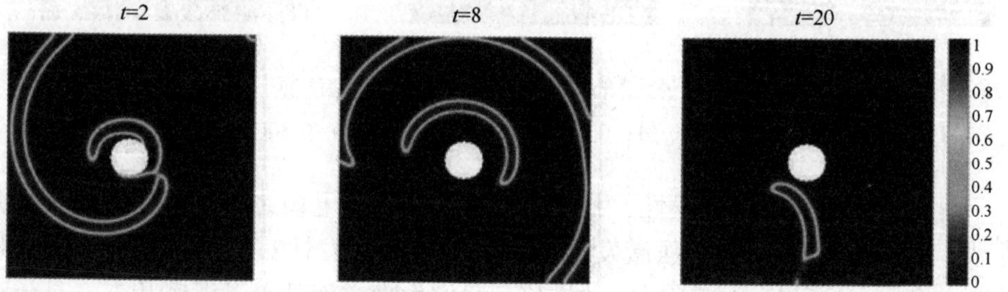


图 8.9　弱激发下，去除钉扎螺旋波的情况

a=0.8，b=0.14

本节中我们模拟了心脏中的各个组织不同激发性下，使用圆极化电场去除钉扎螺旋波。在激发性相对弱的情况下，绝大部分的钉扎螺旋波都能够被去除，在缺陷大小 $R1=3$，圆极化电场频率 $\omega=3$，电场强度 $E=2$，加电场时间 $t=6$ 时，在不同激发性下圆极化电场去除钉扎螺旋波的概率达到了 95.8%。所以我们可以说这种使用圆极化电场去除钉扎螺旋波的方法是适用于心脏的各个组织中的。

### 8.3.2 不同缺陷大小去除钉扎螺旋波

上一节我们分析了圆极化电场在不同激发性下去除钉扎螺旋波的效果，这一节我们通过改变缺陷的大小做研究。改变缺陷大小，是因为心脏组织中存在的缺陷，这些缺陷可能是天然存在的血管或者是后期受损的细胞组织，它们也是大小不同的，所以需要看看是否所加的电场都能去除钉扎螺旋波。

我们改变缺陷大小 $R1$ 为 $R1=4$ 和 $R1=5$，观察不同激发性下去除钉扎螺旋波的情况，并把结果与 $R1=3$ 时进行比较。如图 8.10 与图 8.11 描述了当介质激发性为 $a=0.8$，$b=0.04$，圆极化电场频率 $\omega=3$，电场强度 $E=2$，外加电场时间 $t=6$ 时，去除钉扎螺旋波的情况。我们发现缺陷半径越大，出现混乱状态的结果也就越多，虽然没有完全钉扎，但也从侧面反映出，缺陷越大，螺旋波就越容易重新钉扎回去。

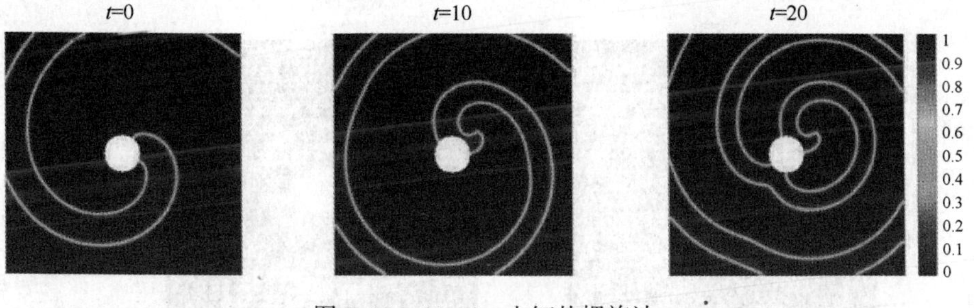


图 8.10　$R1=5$，去钉扎螺旋波

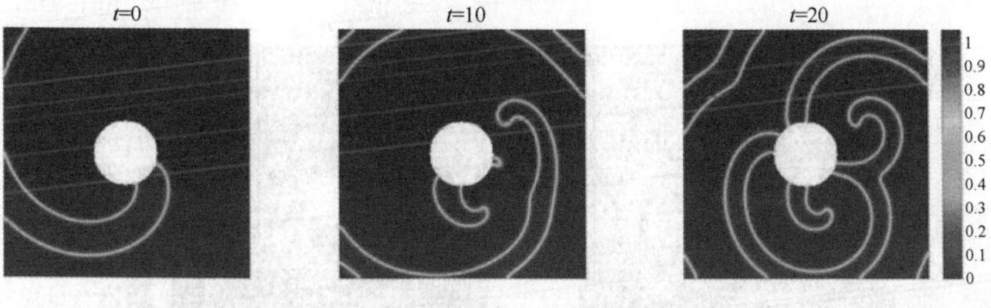


图 8.11　$R1=5$，去钉扎螺旋波

### 8.3.3 圆极化电场对于去除钉扎螺旋波的影响

圆极化电场去除钉扎螺旋波在心脏中的普适性与高效性，接下来我们讨论改

变圆极化电场的电场强度 $E$ 和电场频率 $\omega$，看看是否能够提高去除钉扎螺旋波的效率。在前面小节的讲解中，我们有看到有些去钉扎结果是去除了以后又重新钉扎回来的，这种情况我们叫做去钉扎失败，我们这一节的研究对象就是这些去钉扎失败的情况。我们看看改变一下圆极化电场的强度及频率是否能使得这些原本失败的结果去除钉扎螺旋波成功。

本节我们分为两个部分，第一个部分我们会使用控制变量法来保证其他参数(激发性控制参量 $a$、$b$，加电场时间 $t$，电场频率 $\omega$，缺陷大小 $R1$)不变，改变电场强度 $E$，然后对结果进行讨论。若增加电场强度后，在某些情况下依旧无法去除钉扎的螺旋波，我们在第二部分就会继续讨论改变圆极化电场的电场频率 $\omega$ 是否能够好的去除钉扎螺旋波。所以，第二部分我们会集中讨论在改变电场强度 $E$ 时，仍然无法去除钉扎螺旋波的情况下，改变电场频率 $\omega$ 会对结果有什么影响。

首先我们研究外加电场强度的影响。通过控制变量法单独研究一个圆极化电场里的重要参数——电场强度 $E$ 对于去除钉扎螺旋波的效率的影响，我们选取去除钉扎失败的例子，然后改变加在上面的圆极化电场的电场强度，观察结果，看看改变这个参数对于圆极化电场去除钉扎螺旋波的影响究竟是怎么样的。例如图 8.12 是一个在以上小节中讨论过去除钉扎失败的例子。我们对其电场强度 $E$ 进行 3 挡改变，变大 2 倍、3 倍和 4 倍，来讨论电场强度 $E$ 对于去除钉扎螺旋波的意义。

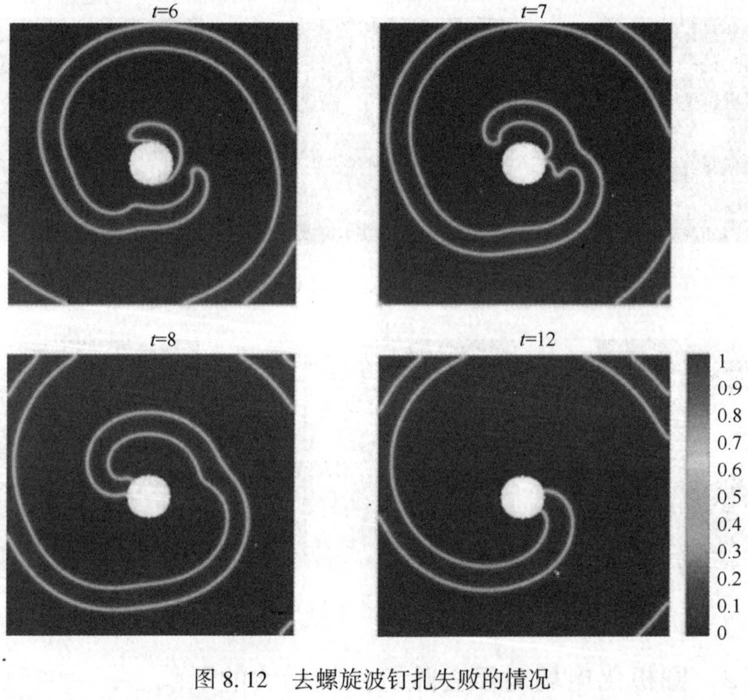


图 8.12　去螺旋波钉扎失败的情况

$a=0.8$，$b=0.07$。缺陷大小 $R1=3$。圆极化电场频率 $\omega=3$。电场强度 $E=0.5$

我们接下来就对图 8.12 的这种情况将外加的圆极化电场的强度加大，观察其去除钉扎螺旋波的情况。图 8.13(a)为其他条件不变，外加电场强度加大到 $E=1.0$，我们可以看出来激发波在第6s 时分开，但是第7s 又合成了一个螺旋波，第 8s 后又重新钉扎。我们继续将电场强度加大，加到三倍，看结果会如何。图 8.13(b)电场强度增大到 $E=1.5$，第7s 时螺旋波换了中心点，远离了缺陷处，我们达到了去除钉扎螺旋波的目的。图 8.13(c)中我们将电场强度加到 $E=2.0$。我们发现了一个现象，图 8.13(b)、图 8.13(c)在相同时刻的图样时几乎完全相同的，那么我们可以得到一个结论，增加圆极化电场的电场强度是会提高去除钉扎螺旋波的效率，但是电场强度加大到某一值(这里是 $E=2.0$)后，其影响就开始弱化。对于一大部分钉扎的螺旋波成功被去钉扎的，即使再次增加电场强度也不再影响其产生激发波的波形情况；但是对于还有一小部分部分钉扎螺旋波不会因为外加电场强度的增大而去除。

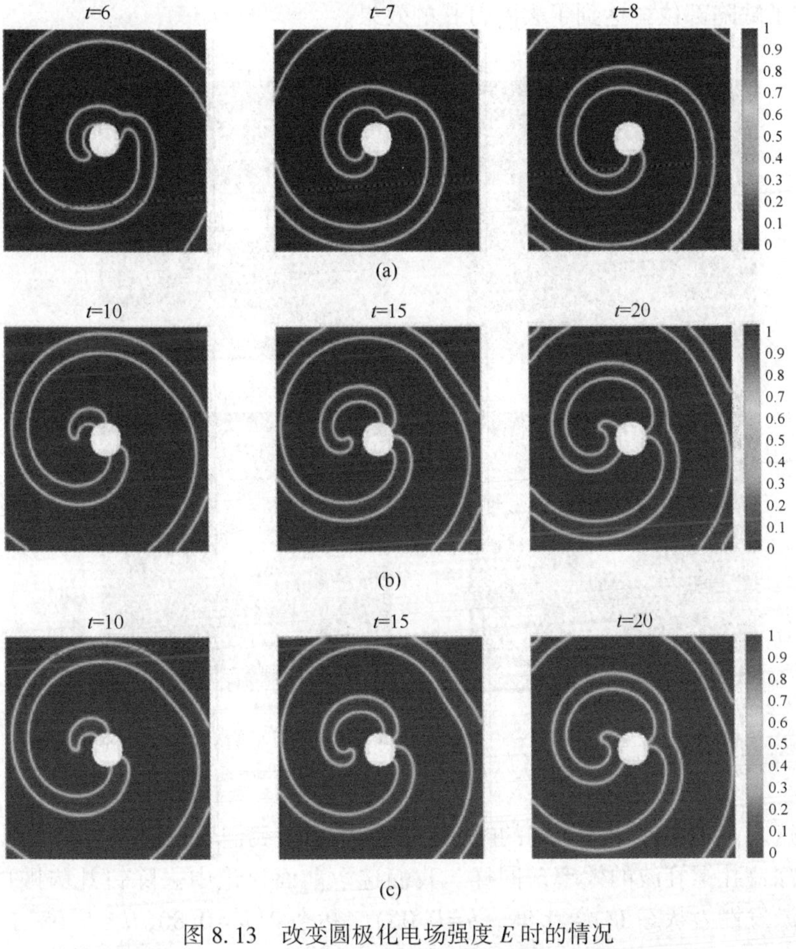


图 8.13　改变圆极化电场强度 $E$ 时的情况

(a)电场强度 $E=1.0$；(b)电场强度 $E=1.5$；(c)电场强度 $E=2.0$

对于这一小部分螺旋波，我们将电场强度改变很多次改变，都无法使它们去除钉扎，那么我们就要进行另一个参数的数据模拟，那就是圆极化电场频率 $\omega$，我们看看对于这类钉扎螺旋波改变 $\omega$ 能不能使他们去除钉扎。我们发现，原来那一小部分无法通过改变圆极化电场强度来去除钉扎的钉扎螺旋波，通过我们改变了频率，也全部达到了去除钉扎的结果，我们通过这一节得出一个结论，当我们改变电场强度已经不能达到去除钉扎螺旋波的目的时，我们仍然可以通过改变电场的频率来达到去除钉扎螺旋波的目的。

图 8.14 就是我们从数据模拟结果中取的一组无法通过改变圆极化电场强度来驱赶的螺旋波。我们已经得知这种情况我们是不能再通过增大电压来去除钉扎螺旋波的，那我们现在就要改变圆极化电场的频率，然后得到了图 8.15。如图 8.15 中，我们可以看出，只要将电场频率增大(这里是从 $\omega=3$ 增大到 $\omega=4$)，那些无法通过增大电场强度的钉扎螺旋波就被全部去除了，在第 10s 的时候螺旋波就穿过了缺陷部位，达到了去除钉扎的效果。

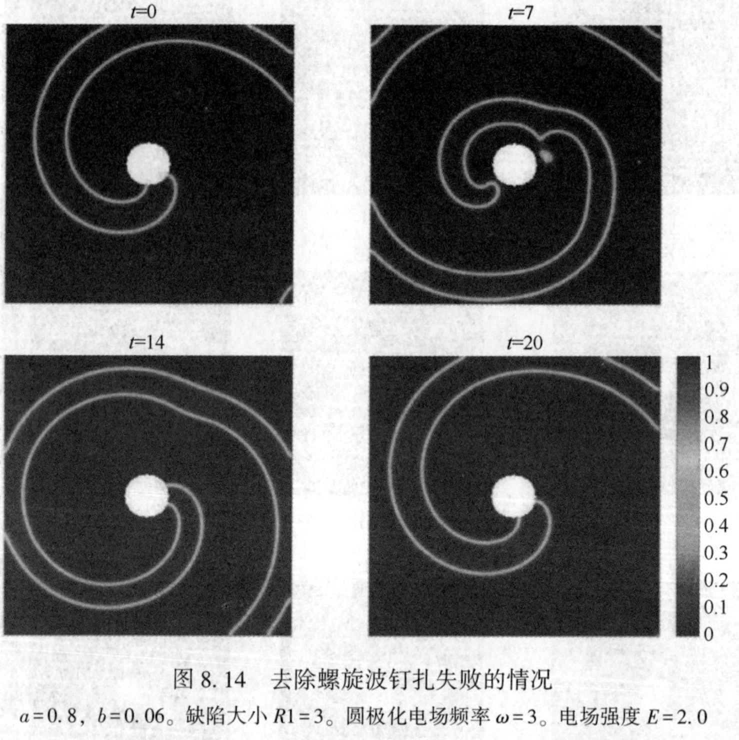


图 8.14　去除螺旋波钉扎失败的情况

$a=0.8$，$b=0.06$。缺陷大小 $R1=3$。圆极化电场频率 $\omega=3$。电场强度 $E=2.0$

在这之前我们所加外电场的时间都是 6s，下面我们看看加更长的时间能不能提高去除钉扎螺旋波的效率。同样，我们选取前面讨论中去除钉扎失败的情况，即介质激发性为状态 1($a=0.80$，$b=0.06$)，状态 2($a=0.80$，$b=0.08$)，状态 3($a=0.85$，$b=0.09$)。我们对这三种状态下，把加电场的时间分别从 6s 延长至

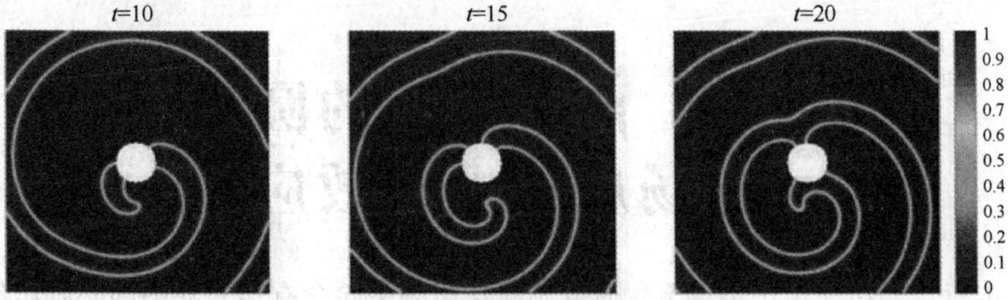


图 8.15　改变圆极化电场频率 $\omega$ 时的情况

圆极化电场频率 $\omega=4$

10s 观察以上三种激发性下去除钉扎螺旋波的变化。我们发现，将外加电场的时间从 6s 增加到 10s 之后，所有的去除钉扎螺旋波失败的情况全部都达到了去除钉扎螺旋波。从而我们可以得知将外加电场时间延长，我们可以将全部的钉扎螺旋波驱除。

## 8.4　小结

本章节重点研究缺陷周边介质在不同的频率电场作用下形成波的形态及其频率。通过利用介质某点的振动波形图，从该点的被激发强度、产生波的频率等方面的研究对电场作用下所形成的螺旋波、圆形波以及湍流波有了更清晰的认识。另外当电场强度大小达到一定值后，对缺陷周边产生波不再产生影响。而不同大小的缺陷其在电场作用下周边产生波也基本无变化。所以选择较低的圆极化电场强度以及合适的电场频率就能很好的去除存在不同大小缺陷介质中的螺旋波和湍流波。

圆极化电场去除钉扎螺旋波在心脏组织中具有普适性，并且这种方法的效率也是非常高的都能达到 90%以上；稍微增加电场强度与频率，便可以去除钉扎螺旋波效率提高，并且电压远远小于传统高压去除钉扎螺旋波，也就是相较与传统高压方法，能使得病人更加轻松，并且效率达到了 100%。同样的，增加加电场的时间，我们也使得所有钉扎的情况全部得到去除。也就是说圆极化电场去除钉扎螺旋波，有着更强的普适性，并且极低的电压也不会给患者带来负担，并且去除钉扎螺旋波的效率也是非常高的，所以我们希望这种方法能够进一步被运用于临床实验，也希望我们的研究结果能够为临床实验提供有效的帮助。

# 第 9 章　两个缺陷的圆极化电场虚拟电极效应

本章主要在理想化条件下，研究圆极化电场去除含有多重缺陷的心脏组织中的螺旋波湍流态。根据心脏组织切片实验，我们选取具有代表性的圆形和椭圆缺陷作为研究对象，观察静息态，两个圆形或椭圆缺陷在圆极化电场下，周边的极化现象以及产生激发波的情况；考虑不同方位，不同大小的椭圆缺陷和圆形缺陷，圆极化电场去除螺旋波湍流态的情况。

通过本章研究表明，以往研究中使用的匀强电场会受制于其电场的方向性，在极化过程中受到缺陷曲率的影响；而我们提出的圆极化电场由于其旋转的特性，能够克服这一局限性，在极化过程中不受缺陷曲率的影响。因此，在圆极化电场作用下，心脏组织中各类不同曲率缺陷周边能更好地产生激发波，从而更易去除存在不同形状缺陷的心脏组织中的螺旋波湍流态。

## 9.1　引言

由上一章节，我们可以知道心脏高度异质性的器官，充满了传导的异质性的缺陷。为了发展应用圆极化电场作用下的远场激发，我们需要对圆极化电场的作用机制进行更加深入的研究，使研究的对象也更加贴合真实的心脏组织。在前几章的研究工作中，我们主要都是针对心脏组织中存在一个缺陷的情况，但是实际心脏组织中，缺陷数量众多且形状各异，所以我们需要研究多重缺陷的情况。研究外加圆极化电场作用到心脏组织中，各种缺陷所产生的极化现象以及其产生激发波的情况。在研究加匀强电场虚拟电极效应的工作中，好多研究组都做过相关的工作。在 2010 年，Marcel Hörning 等人就对两个缺陷的虚拟电极效应进行研究[136]，他们外加匀强电场，观察两个缺陷产生激发波的相互影响，如图 9.1。他们发现缺陷距离相近的情况，会受到相互的影响，如图 9.1(a)，只有下面的缺陷产生了激发波。而当缺陷距离足够大时，两个缺陷产生激发波的影响较小。

由于心脏组织中的缺陷形状各异，分布复杂，其在圆极化电场作用下产生的极化现象目前也尚未研究清楚，另外，缺陷的复杂分布也会使其在极化过程中发生变化，影响最终激发波的产生。因此，本章就是着重研究理解各种心脏组织中存在的形状各异的缺陷在圆极化电场作用下的的极化现象。再者，我们之前的工作主要围绕心脏组织中存在一个圆形缺陷进行展开，而下面的工作中，我们将重

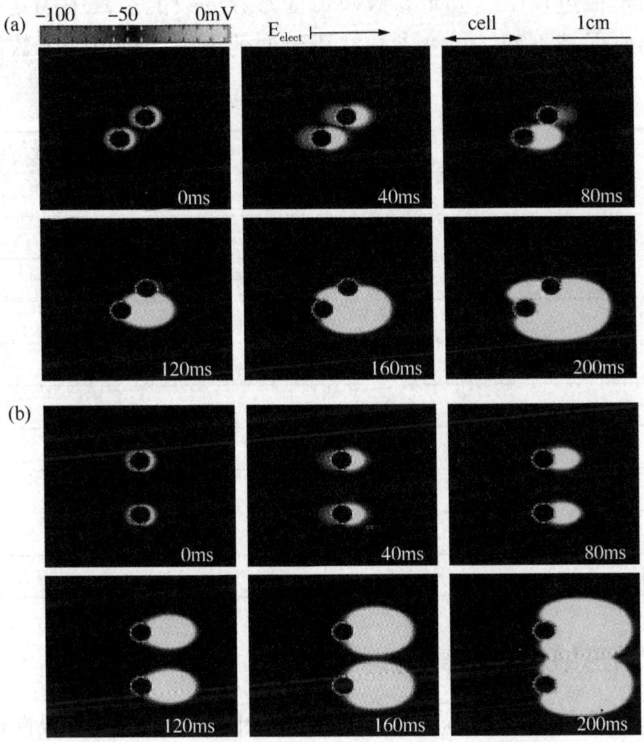


图 9.1　匀强电场作用下，两个缺陷产生激发波情况[136]

点研究两个缺陷及多个缺陷在圆极化电场作用下的相互影响，并且研究讨论心脏组织中存在两个及多个缺陷的情况下，圆极化电场去除螺旋波湍流态的能力。这对于更好地利用圆极化电场去除心脏组织中的螺旋波及螺旋波湍流态有着极其关键的作用，同时也能够为研发新的心脏除颤器提供原创性的理论基础，进而为心脏病学家提供更有效地预防与治疗心律失常的治疗手段。

## 9.2　两个圆形缺陷的情况

本节采用 Barkley 模型，研究在可激发反应扩散系统下，两个圆形缺陷在电场作用下的虚拟电极效应。影响两个圆形缺陷在圆极化电场作用下产生的激发波的情况(包括激发波的形状、周期及频率)的因素很多，在本节中我们主要讨论四种因素对产生的激发波的影响：(1)两个圆形缺陷的距离不同；(2)两个圆形缺陷的方位不同；(3)两个圆形缺陷的半径不同；(4)两个圆形缺陷所处的电场的不同；在以下的内容中，我们通过改变单一变量来分析圆形缺陷周围产生的激发波的形状，并通过计算激发波的频率对其进行具体的分析。表 9-1 中，我们罗列出来了数值模拟过程中，固定参数及可变参数的数值，其中固定参数如果文中没有特别指出则保持不变，可变参数在不改变的情况保持第一个数值不变。

**表 9.1　参数注释表**

| 固定参数 | | 可变参数 | |
|---|---|---|---|
| 名　称 | 值 | 名　称 | 范围 |
| 系统参数 $a$ | 0.84 | 电场强度 $E$ | 1，0~3 |
| 系统参数 $b$ | 0.07 | 电场频率 $\omega$ | 1，0~3 |
| 系统参数 $\varepsilon$ | 0.02 | 圆形缺陷半径 $R2$ | 1.5，0.5~4.5 |
| 时间步长 $dt$ | 0.005 | 两圆形缺陷间距离 $d$ | 6，2~12 |
| 空间步长 $dx$ | 0.2 | | |
| 空间步长 $dy$ | 0.2 | | |
| 总时长 $t$ | 100 | | |
| 介质尺寸 $Rx$ | 20 | | |
| 圆形缺陷半径 $R1$ | 1.5 | | |

## 9.2.1　圆形缺陷间距离的影响

我们固定圆形缺陷 $R1$ 的位置不动，圆形缺陷 $R2$ 的位置以线性规律沿轴反方向靠近圆形缺陷 $R1$。在图 9.2 中，两个圆形缺陷的圆心距离 $d=9$。从图中可以看出，两个圆形缺陷先各自产生激发波，然后再相互碰撞，共同向外扩散产生激发波，波形图很稳定。在图 9.3 中，两个圆形缺陷的圆心距离 $d=3$，两个圆形缺陷几乎挨在一起，两个圆形缺陷由于相距太近，一开始相互影响产生激发波，但最终激发波还是碰撞形成了圆形波向外传播。我们通过改变两圆心距离（$d=2$~12）观察两个圆形缺陷产生激发波的情况。两个圆形缺陷距离的远近对激发波会存在影响，特别是两个圆形缺陷的距离靠得很近的时候。当两个圆形缺陷的距离慢慢变大时，对彼此间的影响和干扰就慢慢变小，所产生的波形图也越加完整和稳定。但是不管两个缺陷之间的影响有多大，最后都还是相互碰撞形成了一个圆形波向外传播。

图 9.2　两个圆形缺陷在电场作用下产生激发波的波形图（$d=9$）

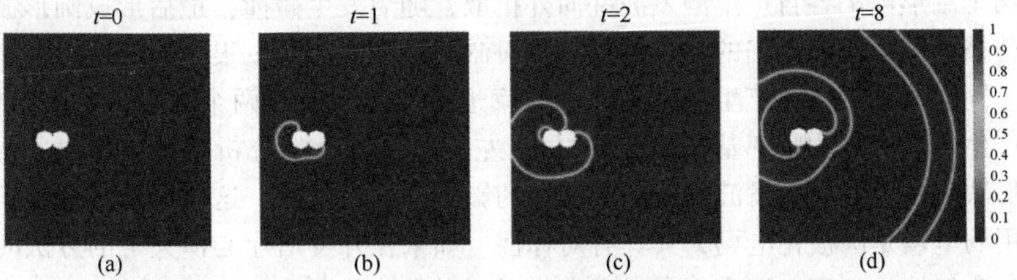


图 9.3　两个圆形缺陷在电场作用下产生激发波的波形图($d=3$)

下面我们对产生的激发波的频率进行了测量。如图 9.4 所示。从图中各组曲线中可以很明显的看到，每组曲线的最高峰的 $x$ 轴坐标值基本上非常靠近。由上面的分析，我们得知当两个缺陷靠得很近的时候，差生的激发波会相互影响，所以我们所测得频率也发生了些许的振荡。当两个缺陷靠得很近几乎重叠的时候 $d=2$，频率为 0.21；当缺陷间存在间隙，但是距离很近的时候 $d=3\sim8$，测得的频率在 0.2~0.22 之间变化；当缺陷距离逐渐增大的时候 $d=9\sim12$，由于产生的波形趋近稳定，所以所测得的频率也很稳定，频率为 0.21。也就是改变两个圆形缺陷的距离，对产生的激发波的频率的影响不是很大。与此同时，我们也模拟了一个圆形缺陷的情况，发现频率也是 0.21。由此可以说明，缺陷的个数及两个圆形缺陷的距离的改变并不会影响产生的激发波的频率，这对于我们去除螺旋波进而消除心律失常起到了重要的指导性意义。

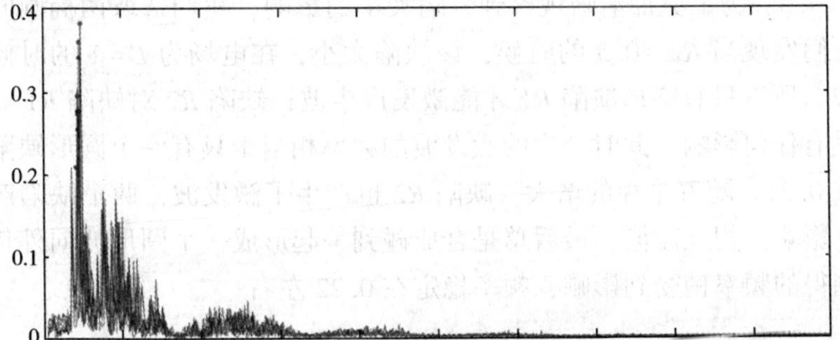


图 9.4　不同缺陷距离产生激发波的频谱图

## 9.2.2　圆形缺陷间方位的影响

我们固定圆形缺陷 $R1$ 的位置不动，圆形缺陷 $R2$ 的位置依次从平行于 $x$ 轴开始沿逆时针旋转，每 15°定一个位置，考虑到对称性，两个圆形缺陷的圆心连线与水平面的夹角取 $\theta=0°\sim90°$。图 9.5 所示为 $\theta=30°$ 的波形图。由图我们可以看到两个圆形缺陷各自产生激发波并向外扩散，随后发生碰撞，最后形成圆形波向外传播。两个圆形缺陷的方位不同不会对激发波的波形产生很大的影响。

同样，我们也对产生的激发波的频率进行测量。改变两个圆形缺陷的方位，所产生的激发波的频率基本稳定在 0.22 左右。从以上的分析中可以看出，两个圆形缺陷的方位对激发波的波形和频率的影响都不是很大，这主要是因为我们所选用的电场是圆极化电场，其具有对称性。如果在开发治疗心律失常的方法时要研究激发波的频率，那么无需考虑方位对于激发波的影响。

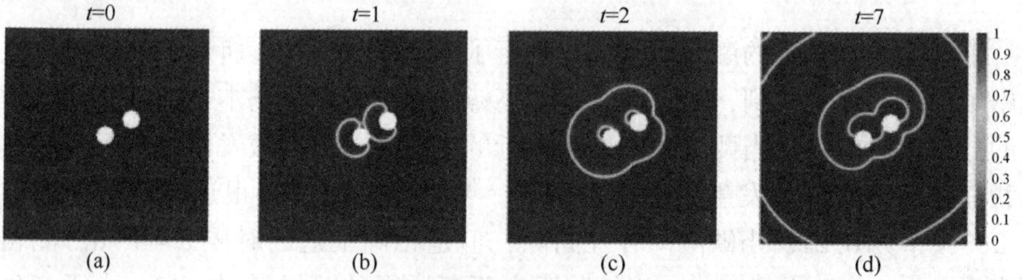


图 9.5　两个圆形缺陷在电场作用下产生激发波的波形

a 图中 $\theta$ 表示两圆形缺陷的圆心连线与水平面的夹角 $\theta=30°$

### 9.2.3　圆形缺陷半径的影响

我们固定圆形缺陷 $R1$ 的半径 $R1=1.5$，依次线性增大圆形缺陷 $R2$ 的半径从 $R2=0.5\sim4.5$，为了更加清晰观察到缺陷大小的影响，我们选取两椭圆间的距离 $d=8$。我们发现当 $R2=0.5$ 的时候，该缺陷太小，在电场为 $E=1$ 的时候无法产生激发波，所以只有圆形缺陷 $R1$ 才能激发产生波，缺陷 $R2$ 对缺陷 $R1$ 产生的激发波也没有任何影响。此时产生的激发波的频率相当于只有一个圆形缺陷时的频率稳定在 0.21。随着半径的增大，缺陷 $R2$ 也产生了激发波，两个缺陷产生的激发波相互影响，相互碰撞，最后总是合成碰到一起形成一个圆形波向外传播。这个时候测得的频率稍受到影响，频率稳定在 0.22 左右。

### 9.2.4　外加电场的影响

我们研究外加电场的强度对激发波的影响。改变电场强度 $E$ 的大小，来分析电场强度的大小对产生的激发波的形状和频率有何影响。在这里，我们选取了不同的电场强度。发现当电场强度 $E\leqslant0.3$ 时，由于电场强度很小，两个圆形缺陷都没有产生激发波，当电场强度 $E>0.3$ 时，才会产生激发波，如同前面一般，两个缺陷产生的激发波最后也会相互碰撞到一起形成圆形波向外传播。电场强度较小的时候，产生的圆形波频率较小，当电场强度达到一定值后，所形成的圆形波频率就趋于稳定。

只要选择合适的电场强度和电场频率，缺陷周围就会产生激发波，并向外扩散。本节中，固定电场强度，研究电场频率 $\omega$ 对产生的激发波的形状和频率的影响。当 $\omega=0.5$ 时，两个圆形缺陷先各自产生激发波并向外扩散，然后相互碰撞，共同向外扩散，并且波形十分稳定；当 $\omega=1.8$ 时如图 9.6 所示，一开始两个缺陷也是各自产生的激发波，合并形成圆形波如图 9.6(a)，但是随着时间的推移，向外传播的波会对后边激发的波产生影响，从而截断了所形成的圆形波如图 9.6(c)，就变成了螺旋波的形状，并且由于螺旋波的旋转，第二个圆形缺陷产生的波总是会被传播经过的波湮灭，最后只能形成一个螺旋波，形似与钉扎在第一个缺陷上的螺旋波。而当电场频率继续增大，当 $\omega=2.0$ 时，如图 9.7 所示，两个圆形缺陷一开始也是各自产生激发波合并成圆形波如图 9.7(a)，但两个缺陷产生的激发波相互之间影响越来越大，也受到传播出去圆形波的影响，结果形成了两个螺旋波各自向外扩散如图 9.7(c)，并不发生碰撞。而当电场频率继续增大，所产生的激发波再次合并形成圆形波向外传播。对于所出现的这样奇怪的现象，我们也正在做进一步分析。

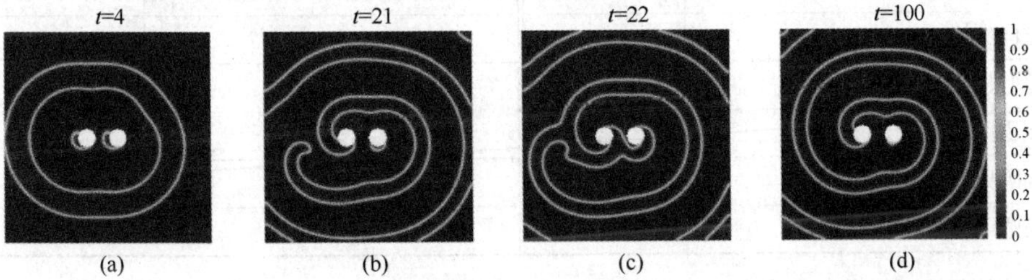


图 9.6　两个圆形缺陷在电场作用下产生激发波的波形。($\omega=2$)

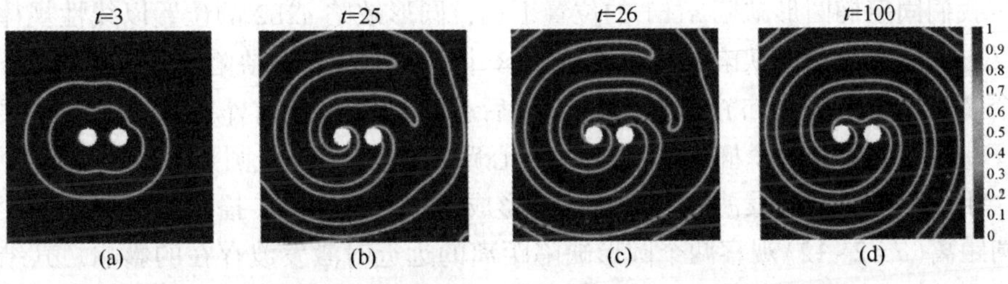


图 9.7　两个圆形缺陷在电场作用下产生激发波的波形。($\omega=2.5$)

## 9.3　两个椭圆缺陷的情况

本节采用 Barkley 模型，研究在可激发反应扩散系统下，两个椭圆形缺陷在电场作用下的虚拟电极效应。在本节中我们主要讨论四种因素对产生的激发波的影响：(1)两个椭圆形缺陷的距离不同；(2)两个椭圆形缺陷的方位不同；(3)两个椭圆形缺陷的大小不同；(4)两个椭圆形缺陷所处的电场的不同；在以下的内容中，我们通过改变单一变量来分析椭圆形缺陷周围产生的激发波的形状，并通过计算激发波的频率对其进行具体的分析。表 9-2 中，我们罗列出来了数值模拟过程中，固定参数及可变参数的数值，其中固定参数如果文中没有特别指出则保持不变，可变参数在不改变的情况保持第一个数值不变。

**表 9-2　参数注释表**

| 固定参数 | | 可变参数 | |
|---|---|---|---|
| 名　称 | 值 | 名　称 | 范围 |
| 系统参数 $a$ | 0.84 | 电场强度 $E$ | 1，0~3 |
| 系统参数 $b$ | 0.07 | 电场频率 $\omega$ | 1，0~3 |
| 系统参数 $\varepsilon$ | 0.02 | 椭圆长半轴 $a2$ | 3.0，0.5~5.0 |
| 时间步长 $dt$ | 0.005 | 椭圆短半轴 $b2$ | 1.0，0.5~5.0 |
| 空间步长 $dx$ | 0.2 | 两椭圆间距离 $d$ | 6，2~12 |
| 空间步长 $dy$ | 0.2 | | |
| 总时长 $t$ | 100 | | |
| 介质尺寸 $Rx$ | 20 | | |
| 椭圆长半轴 $a1$ | 3.0 | | |
| 椭圆短半轴 $b1$ | 1.0 | | |

## 9.3.1　椭圆缺陷间距离的影响

我们固定椭圆形缺陷 a1b1 的位置不动，圆形缺陷 a2b2 的位置以线性规律沿轴反方向靠近椭圆形缺陷 a1b1。在图 9.8 中，两个椭圆形缺陷的圆心距离 $d=6$，两个椭圆形缺陷先各自产生激发波，然后相互碰撞共同向外扩散，波形图很稳定。在图 9.9 中，两个椭圆形缺陷的圆心距离 $d=3$，两个圆形缺陷由于相距太近，相互影响产生激发波，但最终还是形成了圆形波向外传播。我们通过改变两椭圆距离($d=2\sim12$)观察两个圆形缺陷距离的远近对激发波存在的影响。其结果与圆形缺陷相近，靠的近时两者相互影响，离得远了，相互之间影响较小。我们同样对产生的激发波的频率进行了测量。如图 9.10 所示。从图中各组曲线中可以很明显的看到，每组曲线的最高峰的 $x$ 轴坐标值也基本上非常靠近。当两个缺陷靠得很近几乎重叠的时候 $d=2$，频率为 0.20；当缺陷间存在间隙，但是距离很近的时候 $d=3\sim5$，测得的频率在 0.2~0.26 之间变化；当缺陷距离逐渐增大的时候 $d=6\sim12$，频率为 0.20。一个椭圆形缺陷，频率也是 0.20。这个结果与圆形缺陷的结果基本相呼应，缺陷个数及椭圆形缺陷间距离的改变并不会影响产生的激发波的频率。

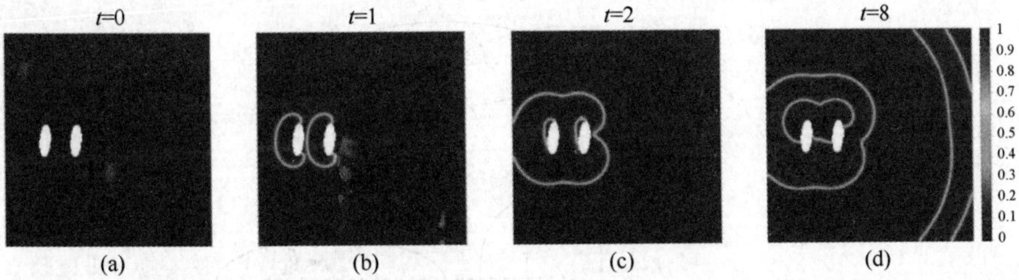


图 9.8　两个圆形缺陷在电场作用下产生激发波的波形图。($d=6$)

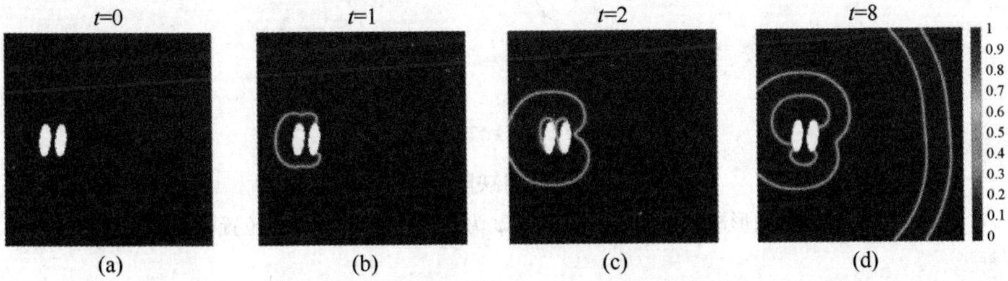


图 9.9　两个圆形缺陷在电场作用下产生激发波的波形图。($d=3$)

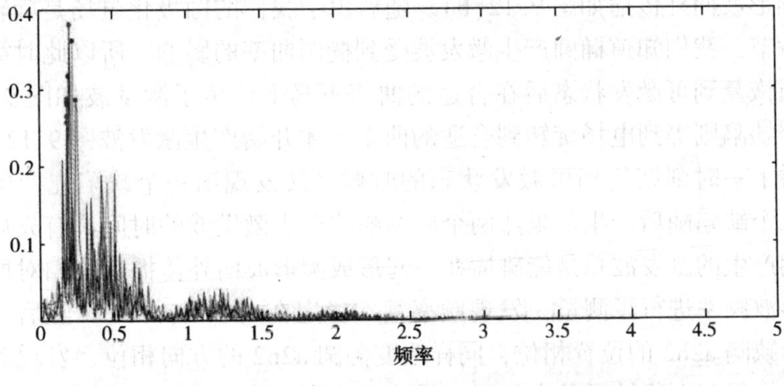


图 9.10　不同缺陷距离产生激发波的频谱图

## 9.3.2　椭圆形缺陷间方位的影响

我们固定椭圆形缺陷 a1b1 的位置不动，改变椭圆形缺陷 a2b2 长短半轴方位及其位置，依次从平行于 $x$ 轴开始沿逆时针旋转，如图 9.11 所示。首先我们改变椭圆 a2b2 的方向相位 $\theta=0\sim360°$，其次改变椭圆形缺陷 a2b2 的位置相位 $\varphi=0\sim360°$。

首先，我们保持椭圆形缺陷 a2b2 的位置相位 $\varphi=0°$，改变椭圆 a2b2 的方向相位。我们发现不管椭圆形缺陷 a2b2 的相位如何变化，两个缺陷产生的激发波

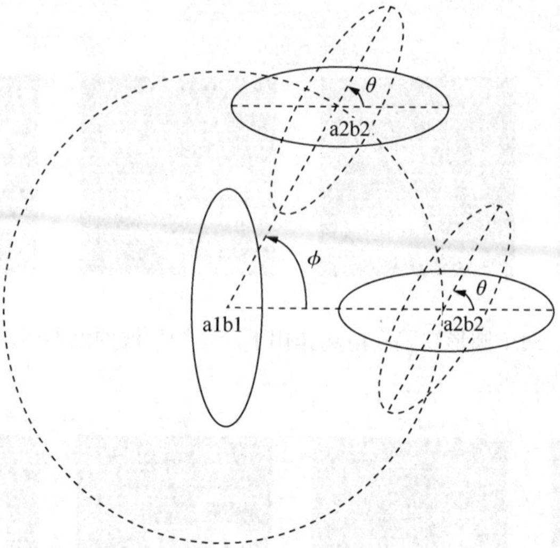


图 9.11　两椭圆缺陷的方位变化

$\theta$ 为椭圆形缺陷 a2b2 方向相位，$\varphi$ 为椭圆形缺陷 a2b2 的位置相位

最终总是会碰撞到一起形成圆形波向外传播。如图 9.12 所示，在最初加电场之后，两个椭圆缺陷分别开始激发产生波如图 9.12(a)，并且相互碰撞在一起最终形成了圆形波向外传播如图 9.12(b)。随后由于我们的圆极化电场是旋转的，而由前一章节，我们知道椭圆产生激发波受到椭圆曲率的影响，所以此时第二个缺陷在介质恢复到可激发状态后在合适的曲率下马上产生了激发波如图 9.12(c)，而第一个缺陷则等到电场旋转到合适的曲率下才开始产生激发波图 9.12(d)。随后在介质下一时刻恢复到可激发状态的时候，又发现第一个缺陷先产生了激发波，第二个缺陷随后产生。虽然两个椭圆缺陷产生激发波的时间具有先后，但是最终他们产生的激发波总是能碰撞在一起形成圆形波向外传播。我们对所激发产生的圆形波频率进行了测量，发现频率基本稳定在 0.21 与 0.22。随后，我们改变椭圆形缺陷 a2b2 的位置相位，同样改变椭圆 a2b2 的方向相位，发现其激发产生的波形结果与上述结果基本相同，最终都会形成圆形波向外传播。

### 9.3.3　椭圆缺陷大小的影响

椭圆大小主要通过椭圆长短半轴的长度改变来反映。所以我们的数值模拟过程中固定了椭圆 a1b1 的长短半轴不变，改变椭圆 a2b2 的长短半轴从 a2=0.5~4.5，b2=0.5~4.5。如图 9.13 所示，我们选取了(a) a2=0.5，b2=1.5 与(b) a2=3.5，b2=2.5。对于图(a)，我们看到缺陷的各自周边产生了激发波，由于圆极化电场是旋转的，在找到曲率合适的地方，就会激发波。之后两个缺陷周边的激发波碰撞到一起，形成了圆形波向外传播。对于图(b)，基本与图(a)中产生激发波相

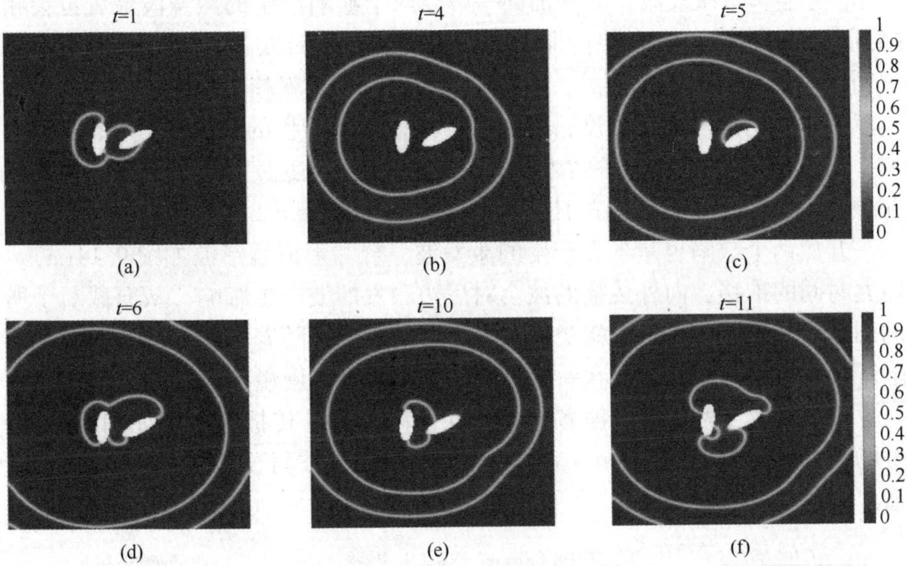


图 9.12　椭圆缺陷 a2b2 方位改变，所激发产生激发波的情况

同。两者不同的地方是，缺陷 a2b2 产生激发波的位置不同，但又都是在各自缺陷曲率小的地方产生激发波。而两者产生的激发波向外传播的频率也是相同的。

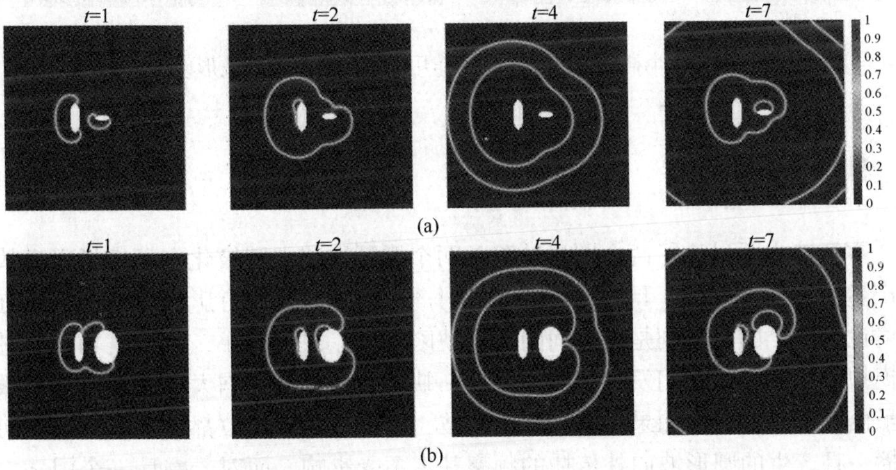


图 9.13　椭圆缺陷 a2b2 长短半轴改变，所激发产生激发波的情况

## 9.3.4　外加电场的影响

首先，我们研究外加电场强度对产生激发波的影响。我发现当电场强度 $E \leqslant 0.2$ 时，由于电场强度很小，两个椭圆形缺陷都没有产生激发波，当电场强度 $E>$

0.2时，才会产生激发波，如同前面一般，两个缺陷产生的激发波最后也会相互碰撞到一起形成圆形波向外传播。电场强度较小的时候，产生的圆形波频率较小，当电场强度达到一定值后，所形成的圆形波频率就趋于稳定。

然后，我们固定电场强度，研究电场频率 $\omega$ 对产生的激发波的形状和频率的影响。当 $\omega=0.2\sim2.0$ 时，两个椭圆形缺陷先各自产生激发波并向外扩散，然后相互碰撞，共同向外扩散，并且波形十分稳定；当 $\omega=2.0\sim2.2$ 时如图9.14所示，一开始两个缺陷也是各自产生的激发波，合并形成圆形波如图9.14(a)，但是随着时间的推移，向外传播的波会对后边激发的波产生影响，从而截断了所形成的圆形波如图9.14(b)，就变成了螺旋波的形状。随着时间的推移，原本两个缺陷产生波也不再相互碰撞在一起如图9.14(c)，则慢慢形成了各自的波向外传播，也就演变成了两个螺旋波各自钉扎在缺陷上向外传播的情况如图9.14(d)。当电场频率继续增大 $\omega=2.4\sim3.0$，所产生的激发波再次合并形成圆形波向外传播。

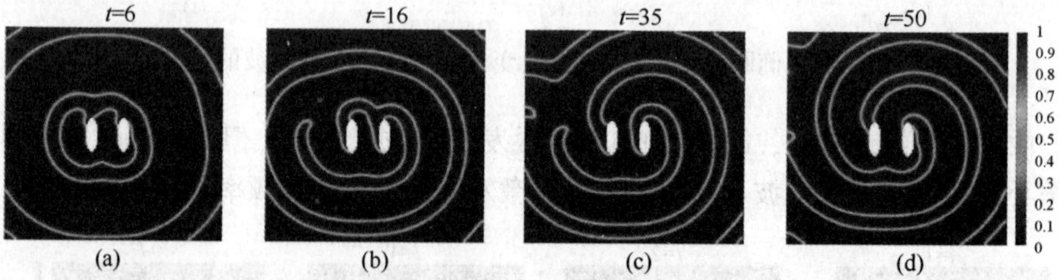


图9.14 两个椭圆形缺陷在电场作用下产生激发波的波形($\omega=2.0$)

## 9.4 小结

本章节主要讨论了两个圆形缺陷及两个椭圆缺陷在圆极化电场虚拟电极效应下产生激发波的情况。具体通过改变了对产生激发波可能有影响的四个因素进行了讨论，四个因素分别是缺陷间距离、缺陷方位、缺陷大小、外加电场。通过数值模拟结果分析，我们发现缺陷间距离、缺陷方位以及缺陷大小对于产生的激发波虽然有影响，但是如果能够产生激发波，那么最终激发波都会形成圆形波向外传播，且产生的圆形波向外传播的频率基本不受影响。而对于左后一个因素，外加电场的影响则相对较大。当电场强度非常小的时候，缺陷都无法产生激发波，而当缺陷强度达到一定值后，则产生的激发波就趋于稳定，其频率也基本相同。但是对于电场频率的改变，则对产生的激发波影响非常大。

# 第 10 章　总结与展望

去除心脏组织中的心律失常包括钉扎螺旋波以及螺旋波湍流态，一直科研工作者非常关心的问题。本书从心脏组织中出现的心律失常及现今临床上成熟的去除心律失常的方法(电击除颤和心脏起搏器)出发，基于近年来提出的匀强电场作用产生的虚拟电极效应或远场激发治疗心律失常的现状，重点研究了圆极化电场作用下所产生远场激发机制，并且应用圆极化电场成功去除钉扎螺旋波以及螺旋波湍流态。

第 1 章及第 2 章，我们对本书圆极化电场去除心脏组织中的螺旋波以及湍流态的背景做了一个详细的介绍。

第 3 章中，我们具体介绍了心脏动力学模型。通过讨论细胞的一些基本的生物物理属性及可兴奋细胞的电路理论，得到了单个细胞的电生理模型及心脏动力学的数学建模，即 bi-domain 方程及边界条件。并进一步导出了我们本书研究所需的 mono-domain 方程以及边界条件。接下来又重点讨论了外电场作用下，对心脏组织的影响情况，即当电流通过心肌细胞时，其膜电势分布将重新发生改变，其中各向异性区域可似为虚拟电极。当电场作用足够大的时候，虚拟电极将如同一个起搏电极，向外发射波。将这种现象在数值模拟中呈现，我们对 mono-domain 方程以及边界条件进行了修正，得到了反应扩散方程及边界条件，并且针对匀强电场及圆极化电场又进行了具体分析。

在第 4 到第 6 章，我们重点研究了圆极化电场作用去除心脏组织中的心律失常包括钉扎螺旋波及螺旋波湍流态。具体地，圆极化电场对心脏组织产生的作用是基于远场激发机制，即将一个低电压的圆极化电场作用到心脏组织中，该电场就能够促使心脏组织中的电导率非均匀区域或者异构介质(缺陷)如血管，缺血区域或小规模的中断区域附近的膜电势重新分布，形成去极化和超极化区域，从而有效地去除钉扎螺旋波及螺旋波湍流态。

第 4 章主要研究对于去除钉扎螺旋波的情况，为了能够体现圆极化电场的优势，我们的工作主要通过与 2008 年 Bittihn 等人的工作进行比较展开。通过与匀强电场相比较，我们认识到当圆极化电场作用下产生的去极化与超极化区域不是均匀地分布在缺陷的两边，而是随着圆极化电场的旋转而旋转的(电场强度较小时可以清晰地看到)。而如果电场强度足够大，则去极化区域就会激发产生波，进而形成向外传播的圆形波列。在给出了成功去除钉扎螺旋波的例子及分析了其去除顺时针旋转的钉扎旋转螺旋波与去除逆时针旋转的钉扎螺旋波的机制之后，同样数值模拟了圆极化电场去除钉扎螺旋波的成功率及适用范围。并且通过比较，我们发现该方法所需的电场强度更小，去除钉扎螺旋波的效率更高，适用范围更大。因而基于这样一个比较，我们可以得出圆极化电场对于去除钉扎螺旋波的优势。

第 5 章主要研究对于去除螺旋波湍流态的情况，我们主要通过对圆极化电场作用下产生的圆形波进行讨论来进一步了解其去除螺旋波湍流态的机制。通过数值模拟结果，我们可以判断圆极化电场的电场强度及频率对产生的圆形波的影响，并且也了解到缺陷大小对圆形波的产生也会造成影响。特别是从图中，我们可以解读到圆形波列的频率与螺旋波湍流态的本征频率之间的关系，而进一步推断出了只有频率高于螺旋被湍流态本征频率的圆形波列才可以用于成功去除螺旋波湍流态。而对于以往对于匀强电场的研究工作中，我们也发现其实静息态匀强电场作用，也是可以激发产生圆形波列的，为此，我们也对匀强电场的作用进行了深入研究。经研究表明，虽然在静息态下，匀强电场作用可以促使缺陷周围激发产生圆形波列，但是在螺旋波湍流态下，就无法形成圆形波列。分析其圆极化电场与匀强电场不同的原因，我们发现其一，同样情况下，圆极化电场作用下产生的圆形波列的频率明显高于匀强电场作用下产生的圆形波列的频率，这也促使圆极化电场作用下能够大量存在大于螺旋波湍流态本征频率的的电场频率范围，而这样的圆极化电场频率作用下，可以成功去除螺旋波湍流态。其二，也是非常重要的一点，圆极化电场作用下的膜电势分布是旋转的，也就是缺陷附近任意一处受到电场的作用都是相等的，促使圆形波能够自行寻找合适位置激发形成，而匀强电场作用下的膜电势分布是固定的，导致只有其去极化区域可以激发产生波，一旦受到螺旋波湍流态的影响，则无法形成完整的圆形波。因而螺旋波湍流态下，匀强电场作用无法通过产生圆形波列的方式进行去除螺旋波湍流态。当然，我们对于匀强电场作用下，大量缺陷激发周边区域，最后全局激发，重置整个心脏组织的电活动来治疗心律失常的方法是非常认可的。我们之所以采用圆极化电场来做以上这样的研究是对于心脏组织中部分区域存在少量缺陷的考量。也就是说，对于匀强电场作用来讲，想要激发整个区域的前提是存在大量的缺陷，如果缺陷过少，则有可能受到螺旋波湍流态的影响而无法激发缺陷周边区域，从而重置失败。从这个意义上来说，圆极化电场作用下，它不仅能够像匀强电场一样在大量缺陷的情况下进行全局激发，它也可以在少数或单一缺陷的情况下通过激发产生圆形波的方式进行去除螺旋波湍流态。

在第 6 章中，我们研究了三维可激发系统，心脏组织是一个非均匀的各向异性的可激发系统。我们系统地研究了直流脉冲电场、交流电场和圆极化电场对三维心脏组织中回卷波去钉扎的作用。研究发现，只有在圆极化电场的作用下，回卷波的去钉扎才能成功。经过分析，发现主要有以下原因：在三维心脏组织的静息态下，虽然这三种形式的外加电场都可以在缺陷处诱导出球面波，但直流脉冲电场和交流电场诱导出的球面波的频率都低于钉扎回卷波的频率，只有圆极化电场诱导出的球面波的频率在一定条件下可以大于钉扎回卷波的频率，因此只有圆极化电场才能成功将回卷波去钉扎。

在第7章中，我们研究了不规则形状缺陷在圆极化电场作用下产生激发波的情况。这里的不规则缺陷主要选择了具有一般性的椭圆形缺陷。通过静息态下圆极化电场与匀强电场作用下，不同相位产生激发波的情况，我们观察到了椭圆的相位不会对圆极化电场产生影响，但是会对匀强电场产生影响。因此我们减小电场大小，进一步研究了弱电场下膜电势的分布情况，并且分析了缺陷边界的膜电位，以及其随时间的变化情况。最终得到，圆极化电场作用下，缺陷方向不会对对产生激发波产生影响。因为圆极化电场是旋转的，它在旋转过程中总是能改变最大点相位 $\theta_M$，最终找到足够小的曲率 $k_M$，使膜电位增大到阈值以上并产生动作电位波。最后，这章节还研究电场强度及频率对产生激发波的影响。对圆极化电场只需要一个低压电场就能激发产生激发波，并且其频率对于产生的激发波没有太大影响。

从第8章到第9章，我们主要研究都是基于 Barkley 模型来进行的。我们通过深入学习静息态下，不同的圆极化电场强度及频率对不同形状不同数量缺陷附近膜电势的影响，来抉择圆极化电场去除钉扎螺旋波及螺旋波湍流态的能力。

在第8章中，一方面研究了基于 Barkley 模型，圆极化电场频率及电场强度对于产生激发波的影响；另一方面研究了不同的激发性下极化电场去除钉扎螺旋波的效果。其中，不同激发性下，我们也分析了缺陷大小对于产生激发波的影响，以及外加的圆极化电场的强度和频率还有外加电场的时间对于去除钉扎螺旋波效果的影响。

在第9章中，主要研究介质含有两个缺陷在圆极化电场作用下产生激发波的情况。首先我们讨论了介质中只有两个圆形缺陷的情况，结果表明，改变缺陷间的距离、改变其中一个缺陷的方向相位以及一个缺陷的半径都对产生激发波的情况没有太大的影响。但是当外加电场发生改变时，还是会对产生的激发波产生非常大的影响。特别是当外加电场的频率发生改变时，所产生的激发波就不仅仅是圆形波，有可能是一个螺旋波钉扎的情况，也有可能是两个螺旋波钉扎的情况。其次我们讨论了两个椭圆形缺陷的情况。

通过我们的数值模拟，我们可以看出圆极化电场作用下的远场激发方式能够更好的用于治疗心律失常，但是对于我们所做的工作仍然有许多需要进一步研究的空间。首先，我们的数值模拟都是基于简答的模型来进行分析，对于更能真实反映心脏的模型的研究仍然有所欠缺，特别是对于去除钉扎螺旋波，我们的很多工作都仅仅是基于 Barkley 模型来进行的。虽然 Luo-Rudy 模型相较于更接近心脏模型，但是现阶段，我们的研究也只是基于 mono-domain 方程，更细致的工作可能还需基于 bi-domain 方程进行研究。其次，虽然我们预测其实验上也可以较好的实现，改变其所加电场为交流电场，但是其真正的实验仍然欠研究，如果条件充裕，这也是我们其中一项需要再进行研究的工作。

## 参 考 文 献

[1] A. T. Winfree, When Time Breaks Down. (Princeton NJ: Princeton University Press, 1987).

[2] A. M. Turing, The chemical basis of morphogenesis, Philosophical Transactions of the Royal Society of London Series B-Biological Sciences, 237(1952)37-72.

[3] A. N. Zaikin and A. M. Zhabotin, Concentration wave propagation in 2-dimensional liquid-phase self-oscillating system, Nature, 225(1970)535-&.

[4] A. M. Zhabotinsky and A. N. Zaikin. Autowave processes in a distributed chemical system[J]. Journal of Theoretical Biology, (1973)40: 45-61.

[5] A. T. Winfree, Spiral waves of chemical activity, Science, 175(1972)634-&.

[6] 欧阳颀，非线性科学与斑图动力学导论[M]. 北京：北京大学出版社，2010.

[7] S. Jakubith, H. H. Rotermund, W. Engel, A. Vonoertzen, G. Ertl, Spatiotemporal concentration patterns in a surface-reaction-propagating and standing waves, rotating spirals, and turbulence, Physical Review Letters, 65(1990)3013-3016.

[8] K. Agladze, J. P. Keener, S. C. Muller, A. Panfilov, Rotating spiral waves created by geometry, Science, 264(1994)1746-1748.

[9] V. K. Vanag, I. R. Epstein, Inwardly rotating spiral waves in a reaction-diffusion system, Science, 294(2001)835-837.

[10] J. J. Tyson, J. D. Murray, Cyclic-amp waves during aggregation of dictyostelium amebas, Development, 106(1989)421-426.

[11] E. Palsson, E. C. Cox, Origin and evolution of circular waves and spirals in Dictyostelium discoideum territories, Proceedings of the National Academy of Sciences of the United States of America, 93(1996)1151-1155.

[12] S. Sawai, P. A. Thomason, E. C. Cox, An autoregulatory circuit for long-range self-organization in Dictyostelium cell populations, Nature, 433(2005)323-326.

[13] M. Kim, M. Bertram, M. Pollmann, A. von Oertzen, A. S. Mikhailov, H. H. Rotermund, G. Ertl, Controlling chemical turbulence by global delayed feedback: Pattern formation in catalytic CO oxidation on Pt(110), Science, 292(2001)1357-1360.

[14] J. M. Davidenko, A. V. Pertsov, R. Salomonsz, W. Baxter, J. Jalife, Stationary and drifting spiral waves of excitation in isolated cardiac-muscle, Nature, 355(1992)349-351.

[15] F. X. Witkowski, L. J. Leon, P. A. Penkoske, W. R. Giles, M. L. Spano, W. L. Ditto, A. T. Winfree, Spatiotemporal evolution of ventricular fibrillation, Nature, 392(1998)78-82.

[16] V. Hakim, A. Karma, Theory of spiral wave dynamics in weakly excitable media: Asymptotic reduction to a kinematic model and applications, Physical Review E, 60(1999)5073-5105.

[17] J. J. Tyson, J. P. Keener, Singular perturbation-theory of traveling waves in excitable media, Physica D, 32(1988)327-361.

[18] A. S. Mikhailov, V. A. Davydov, V. S. Zykov, Complex dynamics of spiral waves and motion of

curves, Physica D, 70(1994)1-39.

[19] V. S. Zykov, Kinematics of rigidly rotating spiral waves, Physica D-Nonlinear Phenomena, 238(2009)931-940.

[20] V. Zykov, G. Bordyugov, H. Lentz, H. Engel, Hysteresis phenomenon in the dynamics of spiral waves rotating around a hole, Physica D-Nonlinear Phenomena, 239(2010)797-807.

[21] J. T. Pan, M. C. Cai, B. W. Li, H. Zhang, Chiralities of spiral waves and their transitions, Physical Review E, 87(2013).

[22] M. C. Cai, J. T. Pan, H. Zhang, Core solutions of rigidly rotating spiral waves in highly excitable media, Physical Review E, 89(2014).

[23] X. Gao, X. Feng, M. C. Cai, B. W. Li, H. P. Ying, H. Zhang, Inwardly rotating spirals in nonuniform excitable media, Physical Review E, 85(2012).

[24] X. Gao, H. Zhang, V. Zykov, E. Bodenschatz, Stationary propagation of a wave segment along an inhomogeneous excitable stripe, New Journal of Physics, 16(2014).

[25] H. Zhang, B. B. Hu, G. Hu, Suppression of spiral waves and spatiotemporal chaos by generating target waves in excitable media, Physical Review E, 68(2003).

[26] L. Y. Deng, H. Zhang, Y. Q. Li, Resonant drift of two-armed spirals by a periodic advective field and periodic modulation of excitability, Physical Review E, 81(2010).

[27] I. V. Biktasheva, D. Barkley, V. N. Biktashev, G. V. Bordyugov, A. J. Foulkes, Computation of the response functions of spiral waves in active media, Physical Review E, 79 (2009).

[28] M. C. Cai, J. T. Pan, H. Zhang, Electric-field-sustained spiral waves in subexcitable media, Physical Review E, 86(2012).

[29] J. X. Chen, H. Zhang, Y. Q. Li, Synchronization of a spiral by a circularly polarized electric field in reaction-diffusion systems, Journal of Chemical Physics, 130(2009).

[30] O. Steinbock, J. Schutze, S. C. Muller, Electric-field-induced drift and deformation of spiral waves in an excitable medium, Physical Review Letters, 68(1992)248-251.

[31] L. Y. Deng, H. Zhang, Y. Q. Li, Stabilization of multiarmed spiral waves by circularly polarized electric fields, Physical Review E, 79(2009).

[32] A. P. Munuzuri, M. Gomezgesteira, V. Perezmunuzuri, V. I. Krinsky, V. Perezvillar, Parametric resonance of a vortex in an active medium, Physical Review E, 50(1994)4258-4261.

[33] A. Belmonte, J. M. Flesselles, Nonsteady behavior of a spiral under a constant-current, Europhysics Letters, 32(1995)267-272.

[34] I. Mitkov, I. Aranson, D. A. Kessler, Interaction of spiral waves with external fields in excitable media, Physical Review E, 52(1995)5974-5978.

[35] M. L. Koller, M. L. Riccio, R. F. Gilmour, Dynamic restitution of action potential duration during electrical alternans and ventricular fibrillation, American Journal of Physiology-Heart and Circulatory Physiology, 275(1998)H1635-H1642.

[36] A. Karma, Physics of Cardiac Arrhythmogenesis, Annual Review of Condensed Matter Physics, Vol 4, 4(2013)313-337.

[37] H. Zhang, Z. J. Cao, N. J. Wu, H. P. Ying, G. Hu, Suppress Winfree turbulence by local forcing excitable systems, Physical Review Letters, 94(2005).

[38] A. V. Zaitsev, O. Berenfeld, S. F. Mironov, J. Jalife, A. M. Pertsov, Distribution of excitation frequencies on the epicardial and endocardial surfaces of fibrillating ventricular wall of the sheep heart, Circulation Research, 86(2000)408-417.

[39] F. H. Samie, J. Jalife, Mechanisms underlying ventricular tachycardia and its transition to ventricular fibrillation in the structurally normal heart, Cardiovascular Research, 50(2001)242-250.

[40] R. A. Gray, A. M. Pertsov, J. Jalife, Spatial and temporal organization during cardiac fibrillation, Nature, 392(1998)75-78.

[41] F. H. Samie, O. Berenfeld, J. Anumonwo, S. F. Mironov, S. Udassi, J. Beaumont, S. Taffet, A. M. Pertsov, J. Jalife, Rectification of the background potassium current-A determinant of rotor dynamics in ventricular fibrillation, Circulation Research, 89(2001)1216-1223.

[42] A. Garfinkel, Y. H. Kim, O. Voroshilovsky, Z. L. Qu, J. R. Kil, M. H. Lee, H. S. Karagueuzian, J. N. Weiss, P. S. Chen, Preventing ventricular fibrillation by flattening cardiac restitution, Proceedings of the National Academy of Sciences of the United States of America, 97(2000)6061-6066.

[43] V. N. Biktashev, A. V. Holden, H. Zhang, Tension of organizing filaments of scroll waves, Philosophical Transactions of the Royal Society a-Mathematical Physical and Engineering Sciences, 347(1994)611-630.

[44] M. Turakhia, Z. H. Tseng, Sudden cardiac death: Epidemiology, mechanisms, and therapy, Current Problems in Cardiology, 32(2007)501-546.

[45] G. P. Walcott, C. R. Killingsworth, R. E. Ideker, Do clinically relevant transthoracic defibrillation energies cause myocardial damage and dysfunction?, Resuscitation, 59(2003)59-70.

[46] A. M. Zhabotinsky and A. N. Zaikin. Spatial effects in a self-oscillating chemical system, in Oscillatory processes in biological and chemical systems II[C], Edited by E. E. Sel'kov, Science Publ., Puschino, 1971.

[47] H. H. Rotermund, W. Engel, M. Kordesch, G. Ertl. Imaging of spatio-temporal pattern evolution during carbon monoxide oxidation on platinum[J]. Nature, 1990, 343: 355-357.

[48] J. J. Tyson and J. D. Murray. Cyclic AMP waves during aggregation of Dictyostelium Amoebae [J]. Development, 1989, 106: 421-426.

[49] K. J. Lee. Competing patterns of signailing activity in Dictyostelium Discoideum[J]. Phys. Rev. Lett., 1996, 76: 1174-1177.

[50] J. P. Keener and J. Sneyd. Mathematical Physiology[M]. New York: Springer, 1998.

[51] J. Jalife. Ventricular fibrillation: Mechanisms of initiation and maintenance[J]. Annual Review of Physiology, 2000, 62: 25-50.

[52] L. D. Weise, A. V. Panfilov. Emergence of Spiral Wave Activity in a Mechanically Heterogeneous Reaction-Diffusion-Mechanics System[J]. Phys. Rev. Lett., 2012, 108(22): 228104-8.

[53] B. Lindner, J. García-Ojalvo, A. Neiman, and L. Schimansky-Geier. Effects of noise in excitable systems[J]. Phys. Rep., 2004, 392: 321-424.

[54] E. M. Izhikevich. Dynamical systems in neuroscience: The geometry of excitability andbursting [M]. Massachusetts: the MIT Press, 2007.

[55] V. Krinsky and H. Swinney (eds). Wave and patterns in biological and chemical excitable media[M]. Amsterdam: North-Holland, 1991.

[56] R. FitzHugh. Impulses and physiological states in theoretical models of nerve membrane [J]. Biophysical J., 1961, 1: 445-466.

[57] J. Nagumo, S. Arimoto, and S. Yoshizawa. An active pulse transmission line simulating nerve axon[J]. Proc. IRE. 1962, 50: 2061-2070.

[58] Y. Kuramoto. Chemical Oscillation, Waves, and Turbulence[M]. Berlin: Springer, 1984.

[59] G. Nicolis. Introduction to nonlinear science[M]. New York: Cambridge University Press, 1995.

[60] A. T. Winfree. Scroll-shaped waves of chemical activity in three dimensions [J]. Science, 1973, 181: 937-939.

[61] B. J. Welsh, J. Gomatam, A. E. Burgess. Three-dimensional chemical waves in the Belousov-Zhabotinski reaction[J]. Nature, 1983, 304: 611-614.

[62] W. Jahnke, C. Henze, A. T. Winfree. Chemical vortex dynamics in three-dimensional excitable media[J]. Nature, 1988, 336: 662-665.

[63] J. P. Keener. The dynamics of 3-dimensional scroll waves in excitable media[J]. Physica D, 1988, 31: 269-276.

[64] V. N. Biktashev, A. V. Holden, and H. Zhang. Tension of organizing filaments of scroll waves[J]. Philos. Trans. R. Soc. London Ser. A, 1994, 347: 611-630.

[65] T. Amemiya, S. Kadar, P. Kettunen, K. Showalter. Spiral wave formation in three-dimensional excitable media[J]. Phys. Rev. Lett., 1996, 77: 3244.

[66] A. T. Winfree. Two kinds of wave in an oscillating chemical solution[J]. Faraday Symposia of the Chemical Society, 1974, 9: 38-46.

[67] A. T. Winfree. Rotating chemical reactions[J]. Scientific American, 1974, 230: 82-95.

[68] T. Bansagi, O. Steinbock. Negative lament tension of scroll rings in an excitable system[J]. Phys. Rev. E, 2007, 76: 045202(R).

[69] T. Bansagi and O. Steinbock. Three-dimensional spiral waves in an excitable reaction system: Initiation and dynamics of scroll rings and scroll ring pairs[J]. Chaos, 2008, 18: 026102.

[70] J. F. Totz, H. Engel, and O. Steinbock. Spatial confinement causes lifetime enhancement and expansion of vortex rings with positive filament tension[J]. New J. Phys., 2015, 17: 093043.

[71] S. Alonso, F. Sagués, and A. S. Mikhailov. Taming Winfree turbulence of scroll waves in excitable media[J]. Science, 2003, 299: 1722-1725.

[72] S. Alonso, F. Sagués, and A. S. Mikhailov. Periodic forcing of scroll rings and control of Winfree turbulence in excitable media[J]. Chaos, 2006, 16: 023124.
[73] H. Zhang, Z. Cao, N. J. Wu, H. P. Ying, and G. Hu. Suppress Winfree turbulence by local forcing excitable systems[J]. Phys. Rev. Lett., 2005, 94: 188301.
[74] N. J. Wu, H. Zhang, H. P. Ying, Z. Cao, and G. Hu. Suppression of Winfree turbulence under weak spatiotemporal perturbation[J]. Phys. Rev. E, 2006, 73: 060901(R).
[75] T. C. Li, X. Gao, F. F. Zheng, M. C. Cai, B. W. Li, H. Zhang, and H. Dierckx. Phase-locked scroll waves defy turbulence induced by negative filament tension[J]. Phys. Rev. E, 2016, 93: 012216.
[76] Z. A. Jimenez, B. Marts, and O. Steinbock. Pinned Scroll Rings in an Excitable System[J]. Phys. Rev. Lett., 2009, 102: 244101.
[77] Z. A. Jimenez, Z. Zhang, and O. Steinbock. Electric-field-controlled unpinning of scroll waves[J]. Phys. Rev. E, 2013, 88: 052918.
[78] A. Azhand, J. F. Totz, and H. Engel. Three-dimensional autonomous pacemaker in the photosensitive Belousov-Zhabotinsky medium[J]. Europhys. Lett., 2014, 108: 10004.
[79] J. P. Keener and J. J. Tyson. Spiral Waves in the Belousov-Zhabotingskii Reaction[J]. Physica D, 1986, 21: 307-324.
[80] J. P. Kccner. A geometrical theory for spiral waves in excitable media[J]. SIAM J. Appl. Math., 1986, 46: 1039-1056.
[81] J. J. Tyson and J. P. Keener. Spiral waves m a model of myocardium[J]. Physica D, 1987, 29: 215-222.
[82] J. J. Tyson and J. P. Keener. Singular perturbation theory of traveling waves in excitable media [J]. Physica D, 1988, 32: 327-361.
[83] K. Maginu. Stability of periodic traveling wave solutions of a nerve conduction equation[J]. J. Math. Biol., 1978, 6: 49-57.
[84] J. D. Dockery, J. P. Keener and J. J. Tyson. Dispersion of traveling waves in the Belousov-Zhabotinskii reaction[J]. Physica D, 1988, 30: 177-191.
[85] J. D. Dockery and J. P. Keener. Diffusive effects on dispersion in excitable media[J]. SIAM J. Appl. Math., 1989, 49(2): 536-566.
[86] V. S. Zykov. Kinematics of the steady circulation in an excitable medium[J]. Biophysics, 1980, 25: 329-333.
[87] V. S. Zykov. Analytical evaluation of the dependence of the speed of an excitation wave in a two-dimensional excitable medium on the curvature of its front[J]. Biophysics, 1980, 25: 906-911.
[88] A. S. Mikhailov and V. S. Zykov. Kinematical theory of spiral waves in excitable media: Comparison with numerical simulations[J]. Physica D, 1991, 52: 379-397.
[89] W. K. Burton, N. Cabrera and F. C. Frank. The growth of crystals and the equilibrium structure of their surfaces[J]. Phil. Trans. Roy. Sot. Lond., 1951, A 243: 299-358.

[90] Z. Qu, G. Hu, A. Garfinkel, J. N. Weiss, Nonlinear and stochastic dynamics in the heart, Physics Reports-Review Section of Physics Letters, 543(2014)61-162.

[91] E. M. Cherry, F. H. Fenton, Visualization of spiral and scroll waves in simulated and experimental cardiac tissue , New Journal of Physics, 10(2008).

[92] R. W. Koster, P. Dorian, F. W. Chapman, P. W. Schmitt, S. G. O´Grady, R. G. Walker, A randomized trial comparing monophasic and biphasic waveform shocks for external cardioversion of atrial fibrillation, American Heart Journal, 147(2004).

[93] C. F. Babbs, W. A. Tacker, J. F. Vanvleet, J. D. Bourland, L. A. Geddes, Therapeutic indexes for transchest defibrillator shocks-effective, damaging, and lethal electrical doses, American Heart Journal, 99(1980)734-738.

[94] M. Rosenqvist, Antitachycardia pacing: Which patients and which methods?, American Journal of Cardiology, 78(1996)92-96.

[95] A. Isomura, M. Hoerning, K. Agladze, K. Yoshikawa, Eliminating spiral waves pinned to an anatomical obstacle in cardiac myocytes by high-frequency stimuli, Physical Review E, 78 (2008)066216.

[96] K. Agladze, M. W. Kay, V. Krinsky, N. Sarvazyan, Interaction between spiral and paced waves in cardiac tissue, American Journal of Physiology-Heart and Circulatory Physiology, 293 (2007)H503-H513.

[97] A. M. Gillis, C. Unterberg-Buchwald, H. Schmidinger, S. Massimo, K. Wolfe, D. J. Kavaney, M. F. Otterness, S. H. Hohnloser, G. I. A. W. Investigators, Safety and efficacy of advanced atrial pacing therapies for atrial tachyarrhythmias in patients with a new implantable dual chamber cardioverter-defibrillator, Journal of the American College of Cardiology, 40(2002)1653-1659.

[98] R. P. Ricci, Atrial tachyarrhythmia prevention and treatment by means of special pacing algorithms, Italian heart journal : official journal of the Italian Federation of Cardiology, 6(2005) 200-205.

[99] R. Ricci, C. Pignalberi, M. Disertori, A. Capucci, L. Padeletti, G. Botto, S. Toscano, F. Miraglia, A. Grammatico, M. Santini, Efficacy of a dual chamber defibrillator with atrial antitachycardia functions in treating spontaneous atrial tachyarrhythmias in patients with life-threatening ventricular tachyarrhythmias, European Heart Journal, 23(2002)1471-1479.

[100] C. W. Israel, B. Hugl, C. Unterberg, T. Lawo, I. Kennis, D. Hettrick, S. H. Hohnloser, A. T. V. S. Investig, Pace-termination and pacing for prevention of atrial tachyarrhythmias: Results from a multicenter study with an implantable device for atrial therapy, Journal of Cardiovascular Electrophysiology, 12(2001)1121-1128.

[101] C. M. Ripplinger, V. I. Krinsky, V. P. Nikolski, I. R. Efimov, Mechanisms of unpinning and termination of ventricular tachycardia, American Journal of Physiology-Heart and Circulatory Physiology, 291(2006)H184-H192.

[102] J. Cysyk, L. Tung, Electric field perturbations of spiral waves attached to millimeter-size obstacles, Biophysical Journal, 94(2008)1533-1541.

[103] F. H. Fenton, S. Luther, E. M. Cherry, N. F. Otani, V. Krinsky, A. Pumir, E. Bodenschatz, R. F. Gilmour, Jr., Termination of Atrial Fibrillation Using Pulsed Low-Energy Far-Field Stimulation, Circulation, 120(2009)467-464.

[104] S. Luther, F. H. Fenton, B. G. Kornreich, A. Squires, P. Bittihn, D. Hornung, M. Zabel, J. Flanders, A. Gladuli, L. Campoy, E. M. Cherry, G. Luther, G. Hasenfuss, V. I. Krinsky, A. Pumir, R. F. Gilmour, E. Bodenschatz, Low-energy control of electrical turbulence in the heart, Nature, 475(2011)235-239.

[105] S. Weidmann, Effect of current flow on the membrane potential of cardiac muscle, Journal of Physiology-London, 115(1951)227-236.

[106] N. G. Sepulveda, B. J. Roth, J. P. Wikswo, Current injection into a two-dimensional anisotropic bidomain, Biophysical Journal, 55(1989)987-999.

[107] E. A. Sobie, R. C. Susil, L. Tung, A generalized activating function for predicting virtual electrodes in cardiac tissue, Biophysical Journal, 73(1997)1410-1423.

[108] M. G. Fishler, Syncytial heterogeneity as a mechanism underlying cardiac far-field stimulation during defibrillation-level shocks, Journal of Cardiovascular Electrophysiology, 9(1998)384-394.

[109] V. G. Fast, S. Rohr, A. M. Gillis, A. G. Kleber, Activation of cardiac tissue by extracellular electrical shocks-Formation of ′secondary sources′ at intercellular clefts in monolayers of cultured myocytes, Circulation Research, 82(1998)375-385.

[110] N. Trayanova, K. Skouibine, Modeling defibrillation-Effects of fiber curvature, Journal of Electrocardiology, 31(1998)23-29.

[111] D. A. Hooks, K. A. Tomlinson, S. G. Marsden, I. J. LeGrice, B. H. Smaill, A. J. Pullan, P. J. Hunter, Cardiac microstructure-Implications for electrical, propagation and defibrillation in the heart, Circulation Research, 91(2002)331-338.

[112] M. C. Woods, V. Y. Sidorov, M. R. Holcomb, D. L. Beaudoin, B. J. Roth, J. P. Wikswo, Virtual electrode effects around an artificial heterogeneity during field stimulation of cardiac tissue, Heart Rhythm, 3(2006)751-752.

[113] H. Windisch, D. Platzer, E. Bilgici, Quantification of shock-induced microscopic virtual electrodes assessed by subcellular resolution optical potential mapping in guinea pig papillary muscle, Journal of Cardiovascular Electrophysiology, 18(2007)1086-1094.

[114] R. Plonsey, The nature of sources of bioelectric and biomagnetic fields, Biophysical Journal, 39(1982)309-312.

[115] A. T. Sambelashvili, V. P. Nikolski, I. R. Efimov, Virtual electrode theory explains pacing threshold increase caused by cardiac tissue damage, American Journal of Physiology-Heart and Circulatory Physiology, 286(2004)H2183-H2194.

[116] R. Plonsey, R. Barr, The 4-electrode resistivity technique as applied to cardiac-muscle, Ieee Transactions on Biomedical Engineering, 29(1982)541-546.
[117] A. L. Hodgkin, A. F. Huxley, A quantitative description of membrane current and its application to conduction and excitation in nerve, Journal of Physiology-London, 117(1952)500-544.
[118] A. L. Hodgkin, A. F. Huxley, Currents carried by sodium and potassium ions through the membrane of the giant axon of loligo, Journal of Physiology-London, 116(1952)449-472.
[119] A. L. Hodgkin, A. F. Huxley, The components of membrane conductance in the giant axon of loligo, Journal of Physiology-London, 116(1952).
[120] A. L. Hodgkin, A. F. Huxley, The dual effect of membrane potential on sodium conductance in the giant axon of loligo, Journal of Physiology-London, 116(1952)497-506.
[121] A. L. Hodgkin, A. F. Huxley, B. Katz, Measurement of current-voltage relations in the membrane of the giant axon of loligo, Journal of Physiology-London, 116(1952)424-448.
[122] G. Marmont, Studies on the axon membrane. 1. a new method, Journal of Cellular and Comparative Physiology, 34(1949)351-382.
[123] K. S. Cole, Dynamic electrical characteristics of the squid axon membrane, Archives Des Sciences Physiologiques, 3(1949)253-258.
[124] P., Bittihn, Ph. D. thesis, Georg-August-Universität Göttingen, 2013.
[125] P. Bittihn, Complex Structure and Dynamics of the Heart, 2015 ed., Springer 2015.
[126] B. J. Roth, J. P. Wikswo, A bidomain model for the extracellular potential and magnetic-field of cardiac tissue, Ieee Transactions on Biomedical Engineering, 33(1986)467-469.
[127] B. J. Roth, J. P. Wikswo, Electrically silent magnetic-fields, Biophysical Journal, 50(1986)739-745.
[128] D. B. Geselowitz, W. T. Miller, A bidomain model for anisotropic cardiac-muscle, Annals of Biomedical Engineering, 11(1983)191-206.
[129] L. Tung, 3-dimensional cable theory-bi-domain model, biophysical journal, 25(1979) A214-A214.
[130] Y. Yamashita, D. B. Geselowitz, Source-field relationships for cardiac generators on the heart surface based on their transfer-coefficients, Ieee Transactions on Biomedical Engineering, 32(1985)964-970.
[131] A. Pumir, V. Krinsky, Unpinning of a rotating wave in cardiac muscle by an electric field, Journal of Theoretical Biology, 199(1999)311-319.
[132] P. Bittihn, G. Luther, E. Bodenschatz, V. Krinsky, U. Parlitz, S. Luther, Far field pacing supersedes anti-tachycardia pacing in a generic model of excitable media, New Journal of Physics, 10(2008)103012-103020.
[133] A. Pumir, V. Nikolski, M. Hoerning, A. Isomura, K. Agladze, K. Yoshikawa, R. Gilmour, E. Bodenschatz, V. Krinsky, Wave emission from heterogeneities opens a way to con-

trolling chaos in the heart, Physical Review Letters, 99(2007)208101-208104.

[134] N. G. Sepulveda, J. P. Wikswo, Electric and magnetic-fields from two-dimensional anisotropic bisyncytia, Biophysical Journal, 51(1987)557-568.

[135] N. Trayanova, Discrete versus syncytial tissue behavior in a model of cardiac stimulation. 2. Results of simulation, Ieee Transactions on Biomedical Engineering, 43(1996)1141-1150.

[136] M. Hoerning, S. Takagi, K. Yoshikawa, Wave emission on interacting heterogeneities in cardiac tissue, Physical Review E, 82(2010)021926-021932.

[137] F. H. Fenton, E. M. Cherry, A. Karma, W. J. Rappel, Modeling wave propagation in realistic heart geometries using the phase-field method, Chaos, 15(2005).

[138] A. Bueno-Orovio, V. M. Perez-Garcia, Spectral smoothed boundary methods: The role of external boundary conditions, Numerical Methods for Partial Differential Equations, 22(2006) 435-448.

[139] A. Bueno-Orovio, V. M. Perez-Garcia, F. H. Fenton, Spectral methods for partial differential equations in irregular domains: The spectral smoothed boundary method, Siam Journal on Scientific Computing, 28(2006)886-900.

[140] L. Ji, Y. Zhou, Q. Li, C. Qiao, O. Qi, Experimental evidence of using a circularly polarized electric field to control spiral turbulence, Physical Review E, 88(2013).

[141] C. H. Luo, Y. Rudy, A model of the ventricular cardiac action-potential-depolarization, repolarization, and their interaction, Circulation Research, 68(1991)1501-1526.

[142] F. G. Xie, Z. L. Qu, A. Garfinkel, J. N. Weiss, Electrophysiological heterogeneity and stability of reentry in simulated cardiac tissue, American Journal of Physiology-Heart and Circulatory Physiology, 280(2001)H535-H545.

[143] Qu, Z. L., Kil, J., Xie, F. G., Garfinkel, A. & Weiss, J. N. Scroll wave dynamics in a three-dimensional cardiac tissue model: roles of restitution, thickness, and fiber rotation. Biophys. J. 78, 2761-2775(2000).

[144] Alonso, S. & Panfilov, A. V. Negative filament tension in the Luo-Rudy model of cardiac tissue. Chaos 17, 015102(2007).

[145] D. Barkley, Spiral-wave dynamics in a simple model of excitable media: The transition from simple to compound rotation. Phys. Rev. A. 42, 4(1990).

[146] D. Barkley, Euclidean Symmetry and the Dynamics of Rotating Spiral Waves. Phys. Rev. Lett. 72, 1 (1994).

[147] D. Barkley, A model for fast computer-simalation of waves in excitable media physica D, 49 (1991)61-70.

[148] M. Bar, M. Eiswirth, Turbulence due to spiral breakup in a continuous excitable medium, Physical Review E, 48(1993)R1635-R1637.

[149] X. Feng, X. Gao, D. B. Pan, B. W. Li and Hong Zhang, Unpinning of rotating spiral waves in cardiac tissues by circularly polarized electric fields. Scientific Reports 4, 4831(2014).

[150] S. Takagi, A. Pumir, D. Pazo, I. Efimov, V. Nikolski, V. Krinsky, Unpinning and removal of a rotating wave in cardiac muscle, Physical Review Letters, 93 (2004) 058101-058104.

[151] P. Bittihn, G. Luther, E. Bodenschatz, V. Krinsky, U. Parlitz, S. Luther, Far field pacing supersedes anti-tachycardia pacing in a generic model of excitable media, New Journal of Physics, 10(2008)103012-103020.

[152] Z. L. Qu, F. G. Xie, A. Garfinkel, J. N. Weiss, Origins of spiral wave meander and breakup in a two-dimensional cardiac tissue model, Annals of Biomedical Engineering, 28 (2000)755-771.

[153] Xia Feng, Xiang Gao, Juan-Mei Tang, Jun-Ting Pan, and Hong Zhang, Wave trains induced by circularly polarized electric fields in cardiac tissues. Scientific Reports 5, 13349 (2015).

[154] Z. Cao, P. Li, H. Zhang, F. Xie, G. Hu, Turbulence control with local pacing and its implication in cardiac defibrillation, Chaos, 17(2007).

[155] G. Tang, M. Deng, B. Hu, G. Hu, Active and passive control of spiral turbulence in excitable media, Physical Review E, 77(2008).

[156] G. Y. Yuan, G. R. Wang, S. G. Chen, Control of spiral waves and spatiotemporal chaos by periodic perturbation near the boundary, Europhysics Letters, 72(2005)908-914.

[157] M. S. Wathen, P. J. DeGroot, M. O. Sweeney, A. J. Stark, M. F. Otterness, W. O. Adkisson, R. C. Canby, K. Khalighi, C. Machado, D. S. Rubenstein, K. J. Volosin, F. R. I. I. I. Pain, Prospective randomized multicenter trial of empirical antitachycardia pacing versus shocks for spontaneous rapid ventricular tachycardia in patients with implantable cardioverter-defibrillators-Pacing Fast Ventricular Tachycardia Reduces Shock Therapies(PainFREE Rx II) trial results, Circulation, 110(2004)2591-2596.

[158] V. Petrov, Q. Ouyang, & H. L. Swinney, Resonant pattern formation in a chemical system. Nature 388, 655(1997).

[159] A. L. Lin, M. Bertram, K. Martinez, & H. L. Swinney, Resonant phase patterns in a reaction-diffusion system. Phys. Rev. Lett. 84, 4240(2000).

[160] O. Steinbock, V. Zykov, & S. C. Müller, Control of spiral-wave dynamics in active media by periodic modulation of excitability. Nature 366, 322(1993).

[161] M. Braune, A. Schrader, & H. Engel, Entrainment and resonance of spiral waves in active media with periodically modulated excitability. Chem. Phys. Lett. 222, 358(1994).

[162] M. Hendrey, & T. M. Antonsen, Effect of inhomogeneity on spiral wave dynamics. Phys. Rev. Lett. 82, 859(1999).

[163] M. Hendrey, & T. M. Antonsen, Spiral wave dynamics in oscillatory inhomogeneous media. Phys. Rev. E 61, 4943(2000).

[164] K. J. Lee, Wave pattern selection in an excitable system. Phys. Rev. Lett. 79, 2907

(1997).

[165] F. G. Xie, Z. L. Qu, J. N. Weiss, & A. Garfinkel, Interactions between stable spiral waves with different frequencies in cardiac tissue. Phys. Rev. E 59, 2203(1999).

[166] C. X. Zhang, H. M. Liao, L. Q. Zhou, & Q. Ouyang, Pattern selection in the Belousov–Zhabotinsky reaction with the addition of an activating reactant. J. Phys. Chem. B 108, 16990(2004).

[167] L. B. Smolka, B. Marts, & A. L. Lin, Effect of inhomogeneities on spiral wave dynamics in the Belousov–Zhabotinsky reaction. Phys. Rev. E 72, 056205(2005).

[168] O. –U. Kheowan, E. Mihaliuk, B. Blasius, I. Sendiña–Nadal, & K. Showalter, Wave mediated synchronization of nonuniform oscillatory media. Phys. Rev. Lett. 98, 074101 (2007).

[169] J. M. Luo, B. S. Zhang & M. Zhan, Frozen state of spiral waves in excitable media. Chaos 19, 033133(2009).

[170] D. B. Pan, X. Gao, X. Feng, J. T. Pan & H. Zhang, Removal of pinned scroll waves in cardiac tissues by electric fields in a generic model of three–dimensional excitable media. Scientific Reports 6, 21876(2016).

[171] N. P. Das, D. Mahanta, and S. Dutta. Unpinning of scroll waves under the influence of a thermal gradient[J]. Phys. Rev. E, 2014, 90: 022916.

[172] X. Feng and X. Gao *, Wave emission from heterogeneities with changing boundary curvature and orientation by a circularly polarized electric field in cardiac tissues. Nonlinear Dynamics 98, 1919(2019).

[173] P. Bittihn, M. Hörning, Luther, S.: Negative curvature boundaries as wave emitting sites for the control of biological excitable media. Phys. Rev. Lett. 109, 118106(2012).

